essentials

Essentials liefern aktuelles Wissen in konzentrierter Form. Die Essenz dessen, worauf es als „State-of-the-Art" in der gegenwärtigen Fachdiskussion oder in der Praxis ankommt, komplett mit Zusammenfassung und aktuellen Literaturhinweisen. Essentials informieren schnell, unkompliziert und verständlich

- als Einführung in ein aktuelles Thema aus Ihrem Fachgebiet
- als Einstieg in ein für Sie noch unbekanntes Themenfeld
- als Einblick, um zum Thema mitreden zu können.

Die Bücher in elektronischer und gedruckter Form bringen das Expertenwissen von Springer-Fachautoren kompakt zur Darstellung. Sie sind besonders für die Nutzung als eBook auf Tablet-PCs, eBook-Readern und Smartphones geeignet.

Essentials: Wissensbausteine aus Wirtschaft und Gesellschaft, Medizin, Psychologie und Gesundheitsberufen, Technik und Naturwissenschaften. Von renommierten Autoren der Verlagsmarken Springer Gabler, Springer VS, Springer Medizin, Springer Spektrum, Springer Vieweg und Springer Psychologie.

Horst Stepanski · Marc Leimenstoll

Polyurethan-Klebstoffe

Unterschiede und Gemeinsamkeiten

Horst Stepanski
Ingenieurbüro Dr.-Ing. Stepanski
Leverkusen
Deutschland

Marc Leimenstoll
Makromolekulare Chemie
Technische Hochschule Köln
Campus Leverkusen
Leverkusen
Deutschland

ISSN 2197-6708
essentials
ISBN 978-3-658-12269-0
DOI 10.1007/978-3-658-12270-6

ISSN 2197-6716 (electronic)

ISBN 978-3-658-12270-6 (eBook)

Die Deutsche Nationalbibliothek verzeichnet diese Publikation in der Deutschen Nationalbibliografie; detaillierte bibliografische Daten sind im Internet über http://dnb.d-nb.de abrufbar.

Springer Vieweg
© Springer Fachmedien Wiesbaden 2016
Das Werk einschließlich aller seiner Teile ist urheberrechtlich geschützt. Jede Verwertung, die nicht ausdrücklich vom Urheberrechtsgesetz zugelassen ist, bedarf der vorherigen Zustimmung des Verlags. Das gilt insbesondere für Vervielfältigungen, Bearbeitungen, Übersetzungen, Mikroverfilmungen und die Einspeicherung und Verarbeitung in elektronischen Systemen.
Die Wiedergabe von Gebrauchsnamen, Handelsnamen, Warenbezeichnungen usw. in diesem Werk berechtigt auch ohne besondere Kennzeichnung nicht zu der Annahme, dass solche Namen im Sinne der Warenzeichen- und Markenschutz-Gesetzgebung als frei zu betrachten wären und daher von jedermann benutzt werden dürften.
Der Verlag, die Autoren und die Herausgeber gehen davon aus, dass die Angaben und Informationen in diesem Werk zum Zeitpunkt der Veröffentlichung vollständig und korrekt sind. Weder der Verlag noch die Autoren oder die Herausgeber übernehmen, ausdrücklich oder implizit, Gewähr für den Inhalt des Werkes, etwaige Fehler oder Äußerungen.

Gedruckt auf säurefreiem und chlorfrei gebleichtem Papier

Springer Fachmedien Wiesbaden ist Teil der Fachverlagsgruppe Springer Science+Business Media
(www.springer.com)

Was Sie in diesem Essential finden können

- Auf welcher Chemie basieren Polyurethan-Klebstoffe?
- Aus welchen chemischen Bausteinen werden sie hergestellt?
- Welche Strukturen und Eigenschaften werden durch deren Auswahl bewirkt?
- Wie funktionieren Polyurethan-Klebstoffe?
- Welchen Einfluss hat die Klebprozess-Führung auf die Qualität der Klebeverbindungen?

Vorwort

Dieser Leitfaden richtet sich vor allem an Anwender von Klebstoffen, um ihnen mehr Verständnis dafür zu vermitteln, wie sich die verschiedenen Arten von Polyurethan-Klebstoffen chemisch betrachtet voneinander unterscheiden und welche Gemeinsamkeiten sie andererseits haben. Gleichzeitig soll dadurch mehr Verständnis für die Breite der Möglichkeiten geweckt werden, die der reich bestückte Baukasten der Polyurethan-Chemie dem Klebstoff-Formulierer bietet. Dies erleichtert die Kommunikation zwischen Klebstoffanwender und -hersteller im Zusammenhang mit sich wandelnden technologischen Anforderungen.

Leverkusen, den 23.11.2015

Horst Stepanski
Marc Leimenstoll

Inhaltsverzeichnis

Grundlagen der Polyurethan-Chemie 1

Der Begriff „Polyurethan-Chemie" hat sich im fachlichen Sprachgebrauch als Sammelbegriff für die Reaktion von Isocyanaten mit sich selbst oder mit anderen Komponenten wie insbesondere Polyolen, Wasser oder Polyaminen fest verankert. Treffender müsste man eigentlich von einer „Isocyanat-Chemie" sprechen. Davon kann allerdings nach Lage der Dinge nur abgeraten werden, da beim Fachmann sonst der Eindruck entsteht, es handele sich um den Herstellprozess und nicht um die Verwendung von Isocyanat-Rohstoffen.

1.1 Bildung von Polyurethanen

Während die in Teilbereichen konkurrierenden Epoxidharze ihren Namen von der sehr reaktionsfähigen Epoxid-Gruppe in den eingesetzten Rohstoffen (z. B. Epichlorhydrin) herleiten, hat die Polymerklasse der Polyurethane ihren Namen von der so genannten Urethan-Gruppe erhalten, die aus der Reaktion einer ebenfalls sehr reaktionsfähigen Isocyanat-Gruppe (bzw. NCO-Gruppe) mit einer Hydroxyl-Gruppe (bzw. OH-Gruppe) eines Alkohols entsteht (Bayer 1937).

Schematisch kann man sich die Bildung einer Urethan-Bindung analog zum Verbauen eines Stecksystems vorstellen (Abb. 1.1). Die mit R bzw. R′ bezeichneten restlichen Molekül-Fragmente stellen bezüglich Größe und anderen Eigenschaften unterschiedliche Bausteine der Polyurethanchemie dar. Die charakteristische NCO-Gruppe des Isocyanats ist im Schema modellhaft als Kreis dargestellt, der an die als Kalotte gezeichnete OH-Gruppe des Alkohols über eine sogenannte Additionsreaktion ankoppeln kann. Die Urethanbildung ist bei dieser Addition exotherm und verläuft unter Abgabe von Reaktionswärme. Das dabei neu entstehende Molekül hat eine Länge und Masse, die sich aus der Addition der beiden Ausgangsmoleküle ergibt.

© Springer Fachmedien Wiesbaden 2016
H. Stepanski, M. Leimenstoll, *Polyurethan-Klebstoffe,* essentials,
DOI 10.1007/978-3-658-12270-6_1

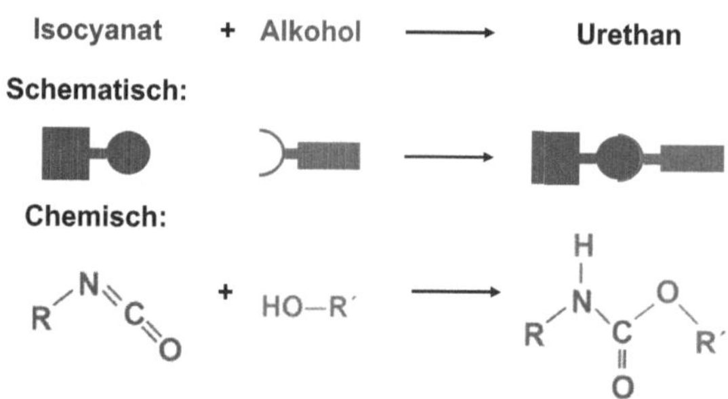

Abb. 1.1 Polyurethan Bildungsreaktion. (Leimenstoll 2011)

Voraussetzung zur Herstellung langkettiger Makromoleküle ist, dass die verwendeten Bausteine mindestens zwei (oder mehr) reaktive Endgruppen pro Molekül aufweisen. Anders ausgedrückt, reagieren nur mindestens difunktionelle Isocyanate mit mindestens difunktionalen Alkoholen zu Polyurethanen. In diesem Fall spricht der Fachmann von einer Polyadditionsreaktion.

Die Polyadditionsreaktion ist in hohem Maße vom Verhältnis der Anzahl an Isocyanat-Gruppen zu Alkohol-Gruppen abhängig. Der Chemiker verwendet für dieses stöchiometrische Verhältnis den Begriff Kennzahl (bzw. Index [engl.]). Die Kennzahl ist demnach definiert als Anzahl (Stoffmenge) von NCO-Gruppen pro Anzahl (Stoffmenge) OH-Gruppen. Nur wenn die Stoffmengen der beiden reaktiven Gruppen exakt gleich sind, d. h. die Kennzahl = 1,00 ist, wird eine vollständige Abreaktion aller Reaktanten möglich. Bei einer in der Laborpraxis ebenfalls verbreiteten prozentualen Betrachtungsweise wird in diesem Fall eine Isocyanat-Kennzahl von 100 genannt. Das in diesem Fall eigentlich korrekte Prozentzeichen wird im Alltagsgebrauch in der Regel vernachlässigt.

Wenn man difunktionelle Isocyanate mit ebenfalls difunktionellen Alkoholen (bzw. Polyolen) umsetzt, erhält man ausschließlich lineare Strukturen. Stellt man das Mischungsverhältnis dabei so ein, dass exakt doppelt so viele Isocyanat-Moleküle wie Polyol-Moleküle zusammen kommen (d. h. Kennzahl = 2,00), so könnte man bei rein schematischer Betrachtung die Bildung von einheitlichen Prepolymeren gemäß Abb. 1.2 erwarten.

In der Realität bilden sich aber neben den in Abb. 1.2 dargestellten 2:1 Addukten (d. h. 2 Isocyanatmoleküle + 1 Polyolmolekül) auch Moleküle mit größerer Kettenlänge, vor allem 3:2, 4:3 und 5:4 Addukte. Als Konsequenz bleiben dabei in erheblicher Menge nicht abragiertes Isocyanat („Isocyanat-Rest-Monomere") in diesem Oligomeren-Gemisch erhalten, da ein Teil der Polyole an bereits vorab gebildete Prepolymere ankoppeln (Abb. 1.3). Die dabei entstehende Molekülgrößenverteilung folgt einer statistischen Verteilungsfunktion, die in den 1930er Jahren

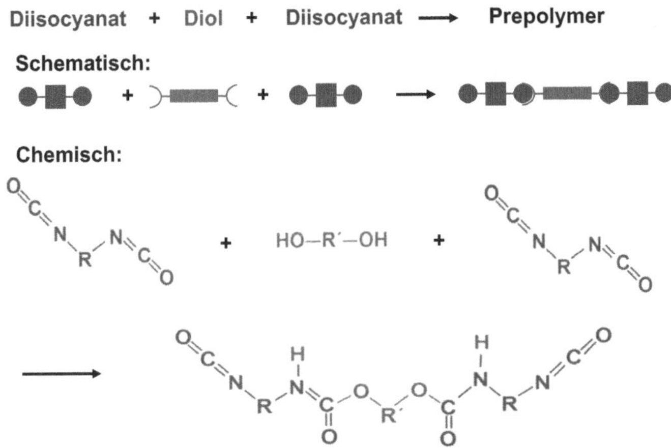

Abb. 1.2 Idealisierte Bildungsreaktion von Polyurethan Prepolymeren. (Leimenstoll 2011)

von dem Deutschen Günter V. Schulz und dem Amerikaner Paul J. Flory (Flory 1936) entwickelt wurde.

In Abb. 1.4 ist die sich nach der Schulz-Flory-Theorie ergebende Molekulargewichtsverteilung eines Prepolymers mit einer Kennzahl von 2,00 dargestellt, wie es bei der vollständigen Reaktion von 4,4′-MDI mit einem linearen Polyetherdiol

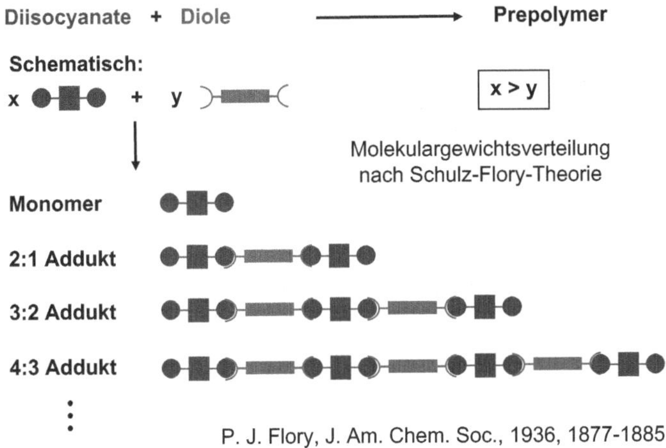

Abb. 1.3 Reale Polyurethan-Bildungsreaktion nach der Schulz-Flory-Theorie. (Flory 1936; Leimenstoll 2011)

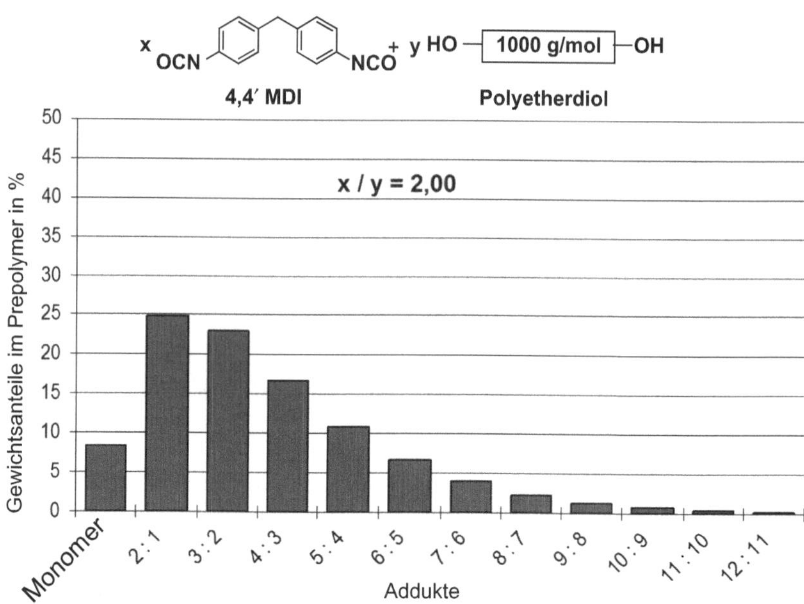

Abb. 1.4 Adduktverteilung bei der Prepolymerherstellung am Beispiel einer Umsetzung von 4,4'-MDI mit einem Polyetherdiol bei einer Isocyanat-Kennzahl (x/y) von 2,00. (Leimenstoll 2011)

mit einer Molmasse von 2000 g/mol entsteht. Das Prepolymer enthält 8 Gew.% Rest-Monomer. Der erhebliche Oligomerenanteil andererseits bewirkt eine deutlich höhere Prepolymer-Viskosität im Vergleich zu einem reinen 2:1 Addukt-Prepolymer. Ein prinzipiell mögliches destillatives Entfernen des Monomers ist mit einem erheblichen Zusatzaufwand verbunden und führt zu einer weiteren Viskositätserhöhung.

Verändert man die Isocyanat-Kennzahl zu höheren Werten hin, indem man den Anteil an Isocyanat erhöht, verschiebt sich die Addukt-Verteilung zu kurzkettigeren Molekülanteilen, wobei gleichzeitig ein sehr hoher Monomergehalt im Prepolymer entsteht. Dies ist umso mehr ausgeprägt, je kurzkettiger das Diol ist. Abbildung 1.5 zeigt die Adduktverteilung, wenn man Ethylenglykol mit einer Molmasse von 62 g/mol als kürzest mögliches Diol mit 4,4'-MDI (250 g/mol) bei unterschiedlichen Kennzahlen umsetzt. Vergleicht man die Addukt-Verteilungen für die Kennzahl 2,00 in Abb. 1.4 und 1.5, so erkennt man, dass ein kürzeres Diol zwangsläufig zu einer Erhöhung des Rest-Monomer-Gehaltes führen muss.

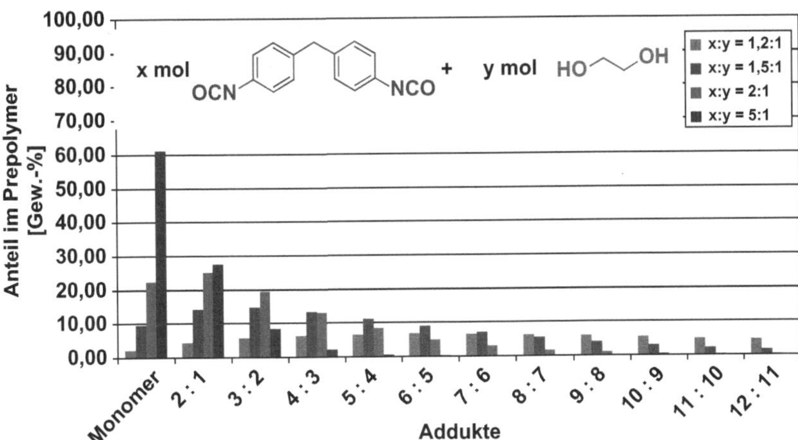

Abb. 1.5 Addukt-Verteilung bei der Prepolymerherstellung am Beispiel einer Umsetzung von 4,4′-MDI mit Ethylenglykol bei unterschiedlichen stöchiometrischen Verhältnissen (bzw. Kennzahlen). (Leimenstoll 2011)

Bei der Formulierung von Polyurethan-Produkten gibt man meist die Isocyanat-Kennzahl vor, je nachdem, ob man nach der Reaktion ein flüssiges Prepolymer, ein festes Formteil oder einen Reaktivklebstofffilm erhalten möchte. Im ersten Fall wird analog zu Abb. 1.4 häufig eine Kennzahl von ca. 2 gewählt. Nähert man sich der Kennzahl 1, so erhöht sich die Viskosität am Ende der Reaktion stark, bis eine feste und in der Regel nicht mehr lösliche Masse entsteht. Im Formnest eines Werkzeuges oder in einer Klebfuge kann dies sehr gewünscht sein. Passiert dies aber im Inneren eines zur Prepolymerherstellung verwendeten Reaktors, kann dies in mehrfacher Hinsicht verhängnisvolle Folgen haben. Daher sollte man bei der Prepolymerherstellung von dem bei Kennzahl 1 liegenden Gelpunkt immer genügend weit fern bleiben. Um dies sicherzustellen, sollte bei der Herstellung von NCO-terminierten Prepolymeren in einem Reaktor erst das überschüssige Isocyanat flüssig vorgelegt und danach das Polyol als limitierende Komponente unter Rühren zugeführt werden.

Um bei der Reaktion genau das gewünschte Ergebnis zu erhalten, muss man für alle Rezepturbestandteile die Mengenanteile der reaktiven Gruppen kennen. Isocyanate z. B. werden durch ihren prozentualen Gehalt an NCO-Gruppen charakterisiert. Die Molmasse einer NCO-Gruppe beträgt 42 g/mol. Das bereits betrachtete 4,4′-MDI hat z. B. eine Molmasse von 250 g/mol. Darin sind 2 NCO-Gruppen mit zusammen 84 g/mol enthalten. Der theoretische NCO-Gehalt von reinem 4,4′-MDI berechnet sich demnach zu 33,6 %. Den tatsächlichen NCO-Gehalt von technischen Rohstoffen bestimmt man durch eine Titration, z. B. nach EN ISO 11909.

Den theoretischen Gehalt an OH-Gruppen in Diolen und Polyolen errechnet man, indem die Molmasse aller OH-Gruppen eines charakteristischen Moleküls auf dessen gesamte Molmasse bezogen wird. Das Ethylenglykol-Molekül in Abb. 1.5 hat z. B. eine Molmasse von 62 g/mol. Darin enthalten sind zwei endständige OH-Gruppen mit jeweils 17 g/mol, zusammen also 34 g/mol. Daraus errechnet sich ein OH-Gehalt 54,8 %. Bei technischen Rohstoffen wird der OH-Gehalt durch eine Titration bestimmt (z. B. nach DIN 53240-2) und ein dabei ermittelter Kennwert als „OH-Zahl" in den Produktmerkblättern angegeben. Wenn man diese Zahl durch 33 dividiert, erhält man den OH-Gehalt in [%].

In Abb. 1.6 ist in idealisierter Form beispielhaft dargestellt, wie bei einer Kennzahl von 2,00 aus jeweils einem Ethylenglykol-Molekül und zwei 4,4'-M-DI-Molekülen ein Prepolymer mit einem Isocyanat-Gehalt von 14.9 Gew.-% entsteht. Dieser Wert ergibt sich rechnerisch, indem man die Molmasse der beiden verbliebenen endständigen NCO-Gruppen auf die Molmasse des neu entstandenen Prepolymers bezieht. Alle OH-Gruppen und die Hälfte der NCO-Gruppen sind verschwunden und bilden jetzt gemeinsam zwei Urethan-Gruppen, die der Polyurethanchemie zu ihrem Namen verholfen haben.

Solch einfach aufgebaute Prepolymere haben durchaus eine vielfältige praktische Bedeutung, sei es, dass man sie im Rahmen eines Rohstoffsortiments als Alternative zu monomeren Isocyanaten als Härterkomponete für 2K-Reaktiv-Kleb-

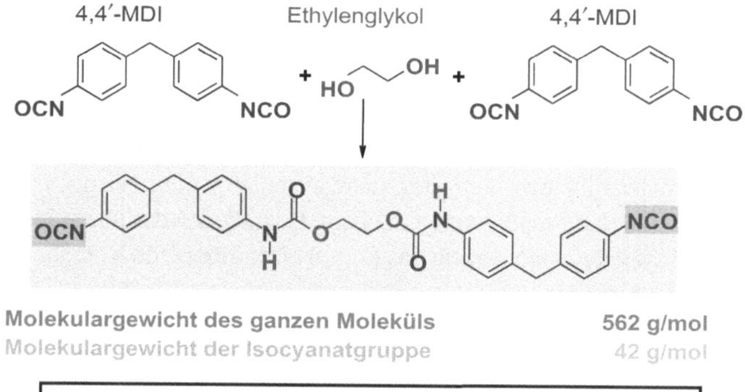

$$\text{NCO-Gehalt} = \frac{42 \times 2}{562} \times 100\ \% = 14,9\ \text{Gew.-}\%$$

Abb. 1.6 Entstehung eines Prepolymers aus je zwei 4,4'-MDI Molekülen und einem Ethylenglykol-Molekül mit Berechnung des resultierenden NCO-Gehalts. (Leimenstoll 2011)

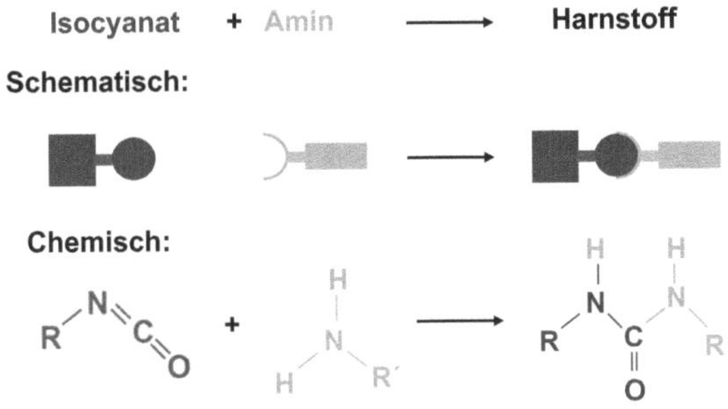

Abb. 1.7 Harnstoff-Bildungsreaktion. (Leimenstoll 2011)

stoffe anbietet, oder sei es, dass man daraus feuchtigkeitsreaktive 1K-Polyurethan-Kleb- oder Dichtstoffe formuliert.

1.2 Die Harnstoff-Bildungsreaktion

Primäre Amine gehören wie die Hydroxylgruppen zu α-H-aciden Gruppen und können mit Isocyanaten ebenfalls eine Polyadditionsreaktion eingehen (Abb. 1.7) (Bayer 1937). Allerdings verläuft diese Reaktion im Vergleich zu alkoholischen OH-Gruppen um mehrere Größenordnungen rascher und damit quasi spontan. Es entsteht eine chemisch und thermisch sehr stabile Harnstoffgruppe. Analog zu den Alkoholen wirken Amine mit nur einer Funktionalität als Kettenabbrecher, da sie nicht zum Aufbau von langkettigen Makromolekülen beitragen können. In der Klebtechnik werden daher in der Regel Diamine eingesetzt, die zwei funktionale Gruppen aufweisen. Wegen der spontanen Reaktivität werden Diamine meist Polyolformulierungen in nur geringen Anteilen von max. 3 % zugegeben. Sie wirken dann z. B. als reaktive Verdicker.

Eine sehr große Bedeutung für die Klebtechnik hat die Harnstoff-Bildungsreaktion für die Aushärtungsreaktion von feuchtigkeitsreaktiven Einkomponenten-Polyurethan-Klebstoffen (Abb. 1.8).

Wasser, das aus der Atmosphäre oder den Substraten in das isocyanat-terminierte Prepolymer diffundiert, reagiert mit den NCO-Gruppen zunächst zur instabilen Carbamidsäure, die sich unter Abspaltung von CO_2 (bzw. Kohlendioxid) spontan in eine Amingruppe umwandelt. Diese wiederum reagiert unverzüglich mit einer weiteren Isocyanat-Gruppe zum Harnstoff. Diese wassergetriebene Kettenverlängerung ist in erster Linie von der Diffusionsgeschwindigkeit und der Konzentration des Wassers abhängig. Daher dauert es häufig mehrere Tage, bis die Reaktion zum Abschluss kommt.

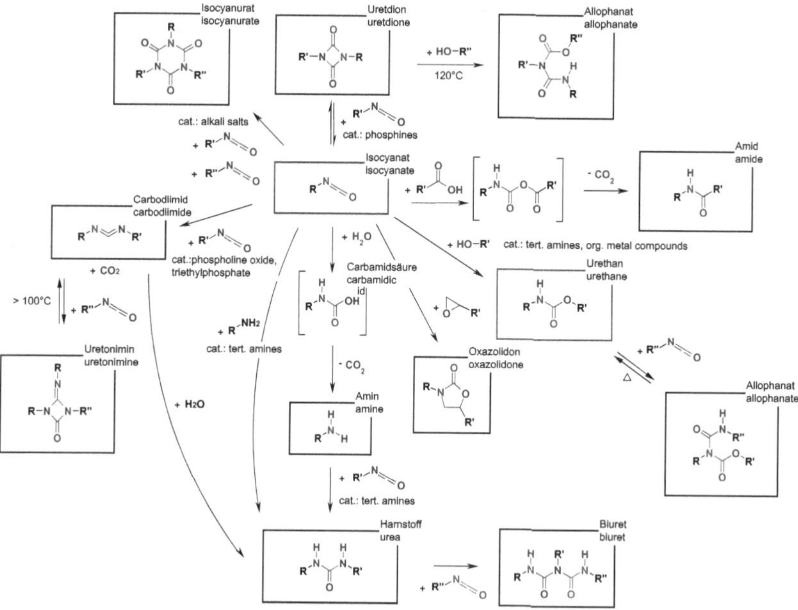

Abb. 1.8 Reaktion von Isocyanat mit Wasser (schematisch). (Leimenstoll 2011)

Abb. 1.9 Einige der vielfältigen Reaktionsmöglichkeiten von Isocyanaten. (Leimenstoll 2011)

1.3 Weitere Reaktionsmöglichkeiten von Isocyanaten

Für die Polyurethan-Klebstoffchemie haben die oben beschriebenen Reaktionen mit alkoholischen Gruppen und mit Wasser eine dominierende Bedeutung. Darüber hinaus können Isocyanate noch eine Reihe anderer Reaktionen durchlaufen, die teilweise ebenfalls in der Klebtechnik genutzt werden (Abb. 1.9).

So kann man z. B. aus je zwei Isocyanat-Gruppen unter katalytischem Einfluss von Phosphinen je einen Uretdion-Ring bilden und dies zur Kettenverlängerung oder gezielten Dimerisation nutzen. Diese wandeln sich bei Anwesenheit von aktiven OH-Gruppen oberhalb von 120 °C zu Allophanat-Gruppen um. Eine Allophanat-Gruppe kann aber auch oberhalb von 80 °C durch Reaktion von zwei Urethan-Gruppen entstehen. Auf diese Weise können z. B. lineare Polyurethan-Makromoleküle in eine dreidimensionale Vernetzungsstruktur mit elastomerem oder duromerem Charakter umgewandelt werden.

Nimmt man auf Kali-Salzen basierende Katalysatoren, so kann man aus je drei Isocyanat-Gruppen einen Isocyanurat-Ring bilden, der eine hervorragende Temperatur-Stabilität besitzt.

Mit Carbonsäuren lassen sich unter Abspaltung von CO_2 Amide bzw. mit Di-Isocyanaten und Dicarbonsäuren Polyamide synthetisieren. Wegen der vergleichsweise hohen Preise der Isocyanate lohnt sich dieser Weg aber nur zur Gewinnung von Spezialitäten, z. B. Vernetzer-Prepolymere.

Bringt man Isocyanate und Epoxide zusammen, so vereinigen sich diese unter Bildung von Oxazolidon-Ringen. Hierauf aufgebaute Polymerstrukturen („EPIC") zeichnen sich durch hohe Temperatur- und Flammbeständigkeiten aus. Typische Anwendungen findet man daher in der Elektrotechnik als Vergussmassen oder Isolatoren.

1.4 Polyurethan-Klebstoff-Formulierungen

Praktisch einsetzbare Klebstoff-Formulierungen sind zumindest auf der Polyol-Seite meist sehr komplex aufgebaut. Anders als bisher gezeigt, setzt man neben Diolen gerne Polyole ein, die mehr als zwei OH-Gruppen aufweisen. Weisen diese im Molekülkörper kurze Ketten auf, erhält man nach der Reaktion ein sehr steifes Netzwerk. Trifunktionelle Langketter erlauben es, gummielastische Strukturen zu erzeugen.

Polyole lassen sich wegen ihrer guten Stabilität im Kontakt mit der Luftatmosphäre unkompliziert handhaben und formulieren. Isocyanate reagieren jedoch intensiv mit Wasser in jeder Aggregatform und müssen daher bei jeglichem Handhaben gegen Luftfeuchtigkeit abgeschirmt werden. Füllstoffe müssen vor dem Eindispergieren in ein Isocyanat aus dem gleichen Grund sehr sorgfältig getrocknet werden. Daher vermeidet man, wenn möglich, ein Formulieren auf der Isocyanat-Seite. Andererseits bieten die Rohstoffhersteller ein breites Spektrum von bereits vorformulierten Isocyanat-Spezialitäten, darunter insbesondere auch mehrfunktionelle.

Gerade weil es neben der Polyurethan-Klebstoffchemie so viele andere Anwendungsfelder mit häufig erheblich größeren Absatzmengen gibt, ist das Rohstoffangebot sehr breit aufgestellt mit zudem auch bei Spezialitäten häufig vergleichsweise günstigem Preisniveau.

Um für eine aus mehreren Polyolen und anderen Zuschlagstoffen bestehende Formulierung die benötigte Isocyanatmenge zu ermitteln, geht man wie folgt vor:

Zunächst benötigt man Angaben zum OH-Gehalt eines jeden Inhaltsstoffes. Diesen kann man entweder den jeweiligen Produktmerkblättern entnehmen oder man lässt den OH-Gehalt in einem fachkundigen Labor durch Titration messen. Man berechnet dann den mittleren OH-Gehalt der Polyolformulierung, indem man die Massenanteile der einzelnen Rezepturbestandteile mit dem jeweiligen prozentualen OH-Gehalt multipliziert. Man addiert anschließend all diese Werte und teilt das Ergebnis durch die Gesamtmasse aller Rezepturbestandteile. Das Resultat dieser Prozedur ist der für die Berechnung der benötigten Isocyanatmenge einzusetzende OH-Gehalt der Polyolformulierung.

Kennt man nun den OH-Gehalt der Polyolformulierung, den NCO-Gehalt des einzusetzenden Isocyanats sowie die gewünschte Kennzahl, kann man mit folgender Formel leicht für jede beliebige Einsatzmenge dieser Formulierung die benötigte Isocyanatmenge berechnen (N. N. 1995):

$$m_{Iso} = 2{,}47 \times \frac{c_{OH}}{c_{NCO}} \times m_{PO} \times i$$

Darin sind:

m_{Iso}	die benötigte Isocyanat-Masse in g
m_{PO}	die eingesetzte Masse der Polyolformulierung in g
C_{PO}	der berechnete OH-Gehalt der Polyolformulierung in %
C_{Iso}	der NCO-Gehalt des Isocyanats in %
i	die gewünschte Kennzahl (Index, dimensionslos)

Prepolymere, wie sie in den Abb. 1.5 und 1.6 dargestellt sind, werden meistens durch folgende Kennwerte charakterisiert:

- Viskosität (evtl. bei unterschiedlichen Temperaturen), z. B. in [mPa s]
- NCO-Gehalt in [%]
- MDI- oder (richtiger) Restmonomergehalt in [%]
- evtl. Schmelz- oder Festpunkt (falls relevant) in (°C)

Leider kommt es immer wieder zu Fehlinterpretationen der Kennwerte für den NCO-Gehalt einerseits und den Restmonomer-Gehalt andererseits. Beide Angaben erfolgen zwar in [%], gehören aber zu zwei verschiedenen Relativsystemen. Der NCO-Gehalt beschreibt den Anteil aller noch reaktionsfähigen NCO-Gruppen, gleichgültig zu welchem Addukt sie gehören, mit einer Molmasse von je 42 g/mol an der Gesamtmasse. Der Restmonomergehalt gibt den Gewichtsanteil aller noch übrig gebliebenen Monomermoleküle (z. B. bei 4,4′-MDI mit einer Molmasse von je 250 g/mol) an der Gesamtmasse an.

In einem Prepolymer mit z. B. 5 % NCO-Gehalt, wie es in Abb. 1.4 dargestellt ist, gibt es einen MDI-Restmonomergehalt von 8 %. Wegen des hohen NCO-Gehaltes von 33,6 % entfallen alleine darauf 8 % · 0,336 = 2,688 % des NCO-Gehalts. Die übrigen 2,312 % sind an Prepolymer-Moleküle mit unterschiedlichen Kettenlängen gebunden. Würde man das gesamte Restmonomer z. B. durch Dünnschichtdestillation vollständig entfernen, hätte das verbleibende Prepolymer nur noch einen NCO-Gehalt von 2,312 %/0,92 = 2,513 %. Außer dem gravierenden Effekt, dass die Hälfte der reaktiven Gruppen verschwunden sind, wird wegen des fehlenden Monomers, das als „Reaktivverdünner" wirkt, die Viskosität deutlich zunehmen. Dies ist in der Regel unerwünscht.

2.1 Isocyanate

2.1.1 MDI (Methylendiphenyldiisocyanat)

MDI (Methylendiphenyldiisocyanat oder Diphenylmethandiisocyanat) ist das bei Polyurethan-Klebstoffen meist verbreitet eingesetzte Isocyanat. Genau betrachtet handelt es sich hierbei um ein ganzes Sortiment von sehr unterschiedlichen Produkten (Abb. 2.1). Man muss unterscheiden zwischen streng difunktionellem monomeren MDI und dem technischen „Polymer-MDI", das je nach Produktvariante zwischen 30–70 % Monomer-MDI und darüber hinaus Homologe mit 3, 4 oder auch mehr Phenylgruppen enthält.

Handelsübliches 4,4′-MDI enthält weniger als 2 % 2,4-Isomer. Es wird bevorzugt dann eingesetzt, wenn es um die Herstellung von streng linear aufgebauten Prepolymeren geht, wie sie für feuchtigkeitsreaktive hochflexible Kleb- und Dichtstoffe sowie reaktive Polyurethan-Schmelzklebstoffe unverzichtbar sind. Wegen der beiden gleich reaktiven NCO-Gruppen unterliegt die Prepolymerisation den Gesetzen der Schulz-Flory-Statistik (Abb. 1.3–1.5).

4,4′-MDI liegt bei Raumtemperatur als Feststoff und oberhalb 38 °C als niedrigviskose Schmelze vor. Großabnehmer werden bevorzugt mit der Schmelze bei 42 °C im beheizten Straßentankwagen beliefert. In diesem Zustand ist die Dimerisierungstendenz des Produktes besonders niedrig (Abb. 2.2). Lagert und liefert man 4.4′-MDI in fester Form eingegossen oder in Flockenform, muss das Produkt gekühlt werden und bleiben. Wieder aufgeschmolzenes Produkt sollte auf einer Temperatur von 42 °C verbleiben. Um jeglichen Kontakt mit Wasser zu unterbinden, muss das Produkt unter trockener Schutzgasatmosphäre (z. B. Stickstoff) gelagert werden. Dies gilt übrigens für alle Isocyanate.

© Springer Fachmedien Wiesbaden 2016   13
H. Stepanski, M. Leimenstoll, *Polyurethan-Klebstoffe*, essentials,
DOI 10.1007/978-3-658-12270-6_2

Monomeres MDI

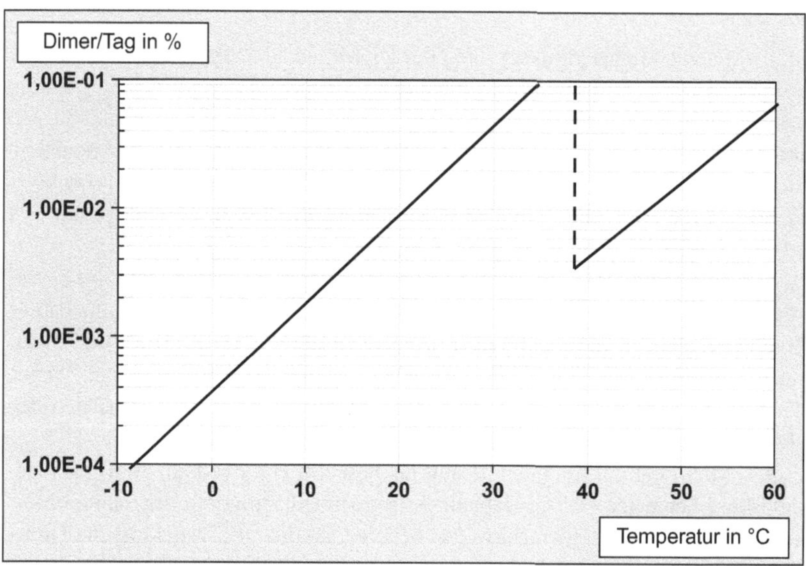

Abb. 2.1 MDI-Typen

Abb. 2.2 Dimerisierungsgeschwindigkeit von 4,4′-MDI in Abhängigkeit von der Temperatur. (N. N. 2013)

2,4′-MDI zeichnet sich dadurch aus, dass seine beiden NCO-Gruppen um den Faktor von ca. 3 unterschiedlich reaktiv sind, d. h. die NCO-Gruppe in der Stellung 4 wird bevorzugt abreagieren. Die Reaktion von reinem 2,4′-MDI unterliegt daher nicht streng der Schulz-Flory-Statistik. Hierdurch bietet sich prinzipiell die Möglichkeit, Prepolymersysteme mit geringen Restmonomergehalten bei gleichzeitig geringen Viskositäten herzustellen. Dies wird jedoch durch die derzeit noch mangelnde Verfügbarkeit von reinem monomerem 2,4'-MDI erschwert.

Monomeres MDI ist wegen der oben beschriebenen Eigenschaften für die Handhabung durch industrielle oder gewerbliche Klebstoffanwender wenig geeignet. Daher kommt es praktisch ausschließlich nach Einbindung in ein Prepolymer in die Hände des Anwenders. Oder der Klebstoffhersteller bedient sich aus dem Rohstoffsortiment der technischen „Polymer"-MDI-Typen, die neben 4,4'-MDI-Monomer einen hohen Anteil von Homologen mit 3 und mehr Phenyl-Gruppen aufweisen (s. Abb. 2.7 unten). Diese Produkte haben den Vorteil, dass sie unter normalen Umgebungsbedingungen flüssig vorliegen. Außerdem haben sie eine höhere Funktionalität als reines Monomer. Dies macht es leichter, dreidimensional vernetzte Duromerstrukturen aufzubauen.

Da auch Polymer-MDI-Typen einen erheblichen Monomergehalt (sogenannter 2-Kerngehalt) haben, müssen hier die gleichen Arbeitssicherheitsregeln wie bei Monomer-MDI eingehalten werden. Zwar ist der Dampfdruck von MDI so gering, dass bei üblichen Umgebungstemperaturen die Grenzwerte für die Maximale Arbeitsplatzkonzentration nicht erreicht werden. Jedoch steht MDI unter dem Verdacht auf krebsauslösende Wirkung. Außerdem ist bekannt, dass MDI das Potential hat, bei Hautkontakt und in den Atemwegen allergische Reaktionen auszulösen. Daher müssen bei der Handhabung von MDI, wie bei allen Isocyanaten, die Sicherheitsdatenblätter der Hersteller beachtet und die nötigen Schutzmaßnahmen an den Arbeitsplätzen gewissenhaft umgesetzt werden. Dies betrifft insbesondere die Schutzkleidung sowie den Einsatz von wirksamer Lüftungstechnik.

2.1.2 TDI (Toluol-2,4-diisocyanat)

Neben MDI ist TDI das am meisten hergestellte Isocyanat. Unter üblichen Verfahrensbedingungen fallen im Produkt zwei unterschiedliche Isomere an, nämlich 80 % 2,4-TDI sowie 20 % 2,6-TDI (Abb. 2.3). Dieses Isomerengemisch ist

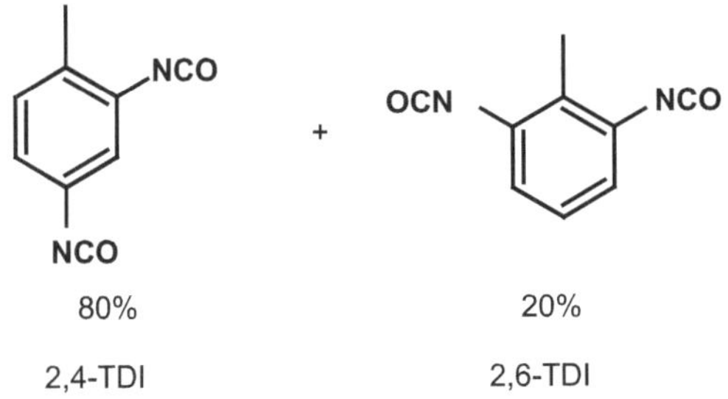

Abb. 2.3 Übliches Isomerenverhältnis bei der Herstellung von TDI

ein wichtiger Rohstoff bei der Herstellung von vielen Polyurethanartikeln. Reines 2,4-TDI ist eine begehrte Spezialität, da es sich wegen der Unterschiede in der Reaktivität der beiden NCO-Gruppen gut zur Herstellung von monomerenarmen Prepolymeren eignet. Daher wird dieses Isomer durch Kristallisation auf >99 % aufkonzentriert und als Qualität „T 100" auf dem Chemikalienmarkt angeboten.

Wegen der hohen Flüchtigkeit und Giftigkeit muss TDI als Gefahrgut ausschließlich unter den in der Chemieindustrie üblichen kontrollierten Verfahrensbedingungen professionell gehandhabt werden. Klebstoffanwender dürfen nur mit daraus hergestellten praktisch monomerenfreien Prepolymeren beliefert werden. Dabei muss beachtet werden, dass selbst bei einem Monomergehalt von <0,1 % bei Erwärmung des Prepolymers höhere Emissionen auftreten können als bei einem MDI-Prepolymer mit mehreren Prozentpunkten. Grund hierfür ist der vergleichsweise hohe Dampfdruck und Flüchtigkeit des TDI, bewirkt durch die relativ geringe Molmasse.

Aus 2,4-TDI der Qualität T 100 stellt man als besondere Spezialität ein Dimer her, das als Pulver mit einer mittleren Korngröße von 10 µm angeboten wird (Abb. 2.4). Dieses Produkt findet Einsatz als latent reaktiver Vernetzer in heißhärtenden 1K-Polyurethan-Reaktiv-Klebstoffen und wässrigen Polyurethen-Dispersionsklebstoffen. Dabei werden in der Regel Aktivierungstemperaturen unter 140 °C verwendet. Erst oberhalb dieser Temperatur wird das Dimer zu zwei monomeren 2,4-TDI-Molekülen aufgespalten.

2.1.3 Triphenylmethan-Tri-Isocyanat

Auf Basis Triphenylmethan, dem Grundkörper der Familie der Triphenylmethan-Textil-Farbstoffe, stellt man ein dreifunktionales Isocyanat her, das unter der Bezeichnung Desmodur® RE als 27 prozentige Lösung in Ethylacetat in den Handel kommt. Diese Lösung ist intensiv gelbgrün bis rotbraun gefärbt (Dollhausen 1989).

Das Produkt ist ein sehr wirksames Vernetzungsmittel für lösemittelhaltige Klebstoffe und z. B. für auf Kautschuk basierende Kontaktklebstoffe oder

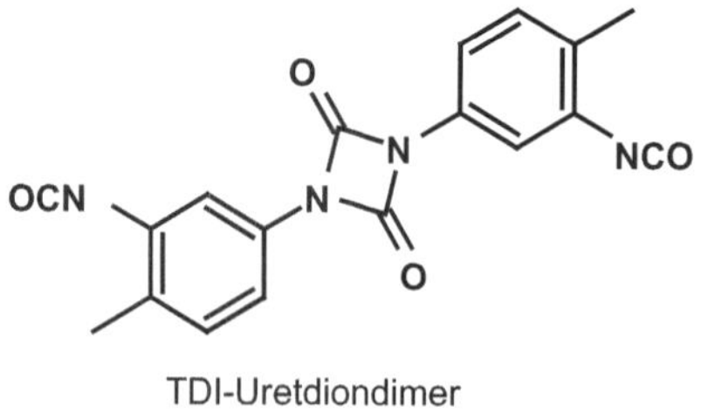

Abb. 2.4 Aus 2,4-TDI hergestelltes TDI-Dimer. (Stepanski 1991)

thermoaktivierbare Hydroxy-Polyesterpolyurethan-Klebstoffe geeignet. Nach Zugabe des Vernetzers muss der Ansatz innerhalb der vom Klebstofflieferanten angegebenen Topfzeit verarbeitet werden. Nach Ablauf der Topfzeit geliert die Klebstofflösung und kann nicht mehr appliziert werden.

Außerdem kann Desmodur® RE in unverdünnter oder verdünnter Form als Haftprimer auf Metalloberflächen eingesetzt werden (Abb. 2.5).

2.1.4 Tris(p-isocyanatophenyl)-thiophosphat

Tris(p-isocyanatophenyl)thiophosphat ist ein ebenfalls in Ethylacetat gelöstes wirksames Vernetzerisocyanat für Lösemittelklebstoffe, das unter der Handelsbezeichnung Desmodur® RFE bekannt ist (Dollhausen 1989). Es wird dann bevorzugt, wenn die intensiv färbende Wirkung von Desmodur® RE störend wirkt. Bedingt durch die aromatische Struktur ist das Produkt unter starker Lichteinwirkung jedoch nicht vergilbungsresistent (Abb. 2.6).

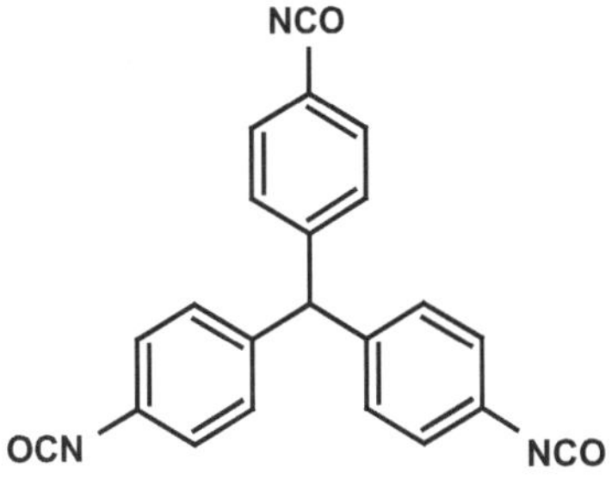

Abb. 2.5 Triphenylmethan-Tri-Isocyanat

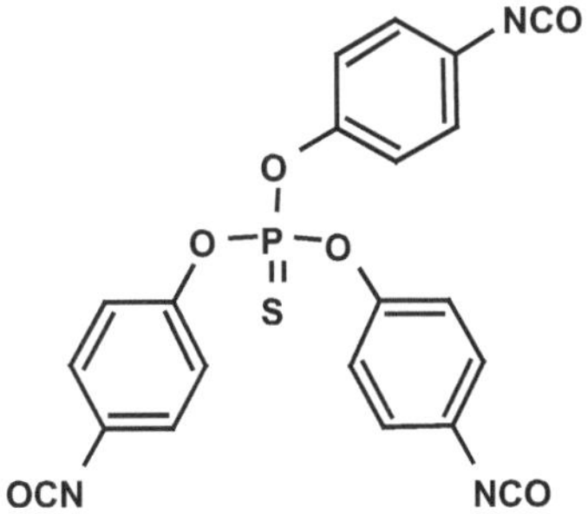

Abb. 2.6 Chemische Strukturformel von Tris(p-isocyanatophenyl)-thiophosphat

2.1.5 Aliphatische Isocyanate

Aliphatische Isocyanate zeichnen sich dadurch aus, dass sie im Unterschied zu den aromatischen Isocyanaten unter Licht- und UV-Strahlung nicht vergilben. Daher haben sie als Vernetzer für hochwertige Lacke und Beschichtungen eine große Bedeutung.

In einer beidseitig abgedeckten Klebfuge ist diese Eigenschaft in der Regel ohne Relevanz. Andererseits haben sie einen höheren Preis als die aromatischen Massenprodukte MDI und TDI. Zudem reagieren sie mit Hydroxyl-Gruppen wesentlich langsamer als die Aromaten.

Aliphatische Isocyanate werden für die Herstellung von Klebstoffen daher nur dann eingesetzt, wenn dies unvermeidlich ist. Neben Anwendungen in der Lebensmittelverpackung oder speziellen Wundpflastern auf Polyurethan-Gel-Basis findet man eine breite Anwendung bei der Herstellung von wässrigen Polyurethan-Klebstoff-Dispersionen. Auch die hierbei bevorzugt eingesetzten wasserdispergierbaren Vernetzer-Isocyanate sind alphatischer Herkunft. Nur auf diese Weise gelingt es, im wässrigen Medium die gewünschten langen Topfzeiten zu erreichen.

Das auf dem großtechnisch verfügbaren Polyamid-Rohstoff Hexamethylendiamin (HMDA) basierende Hexamethylendiisocyanat (HDI) ist das meist produzierte aliphatische Isocyanat (Abb. 2.7). Es hat eine große Bedeutung als Vernetzerkomponente für Zweikomponenten-Polyurethan-Lacke. Im Klebstoffbereich findet man es in hydrophilierter Form als wasserdispergierbares Vernetzer-Isocyanat für Hochleistungs-Dipersions-Klebstoffe.

H_{12}MDI, dessen systematischer Name (s. Abb. 2.7) kaum im Gebrauch ist, ist ein bedeutender Rohstoff für die Herstellung hochwertiger Polyurethane mit hoher

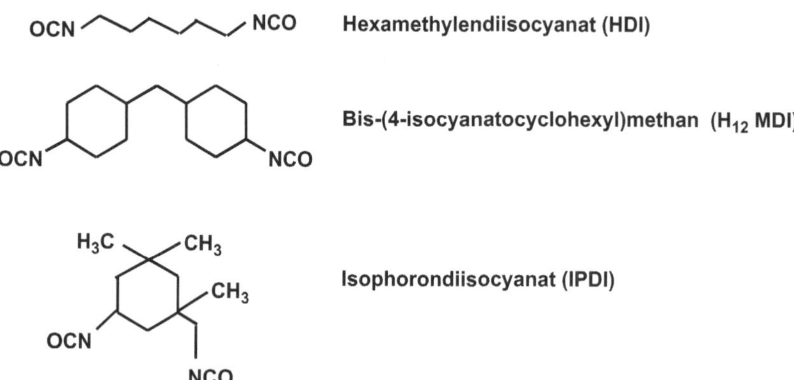

Abb. 2.7 Chemische Struktur einiger aliphatischer Isocyanate

Transparenz und Hydrolyseresistenz. Schon der Name deutet darauf hin, dass eine Verwandtschaft mit dem aromatischen MDI besteht. Beide Produkte werden nämlich aus MDA (Methylendiphenyl-4,4′-diamin) hergestellt. Während MDI direkt durch Phosgenierung von MDA gewonnen wird, wird H_{12}MDI erst nach vollständiger (d. h. zwölffacher) Hydrierung zu Methylendicyclohexyl-4,4-diamin und dieses anschließend mit Phosgen in das Diisocyanat überführt. Da die Neigung zur Reaktion mit Wasser relativ gering ist, hat das Produkt eine hohe Bedeutung für die Herstellung von wässrigen Polyurethandispersionen im Schmelzedispergierverfahren.

Isophorondiisocyanat (IPDI) wird aus Isophorondiamin (IPDI) ebenfalls durch Phosgenierung erzeugt. Da die beiden NCO-Gruppen eine unterschiedliche Reaktivität haben und dadurch nicht der Schulz-Flory-Statistik unterworfen sind, eignet sich dieses Isocyanat zur Produktion von sehr einheitlichen Prepolymeren. Außerdem lassen sich diese Monomere in ein Trimer überführen, das als kristalliner Feststoff anfällt. Als fein gemahlenes Pulver kann es als Alternative zu TDI-Dimer als latent reaktiver Vernetzer für wässrige Dispersionsklebstoffe eingesetzt werden.

Für die Verwendung außerhalb der chemischen Industrie sind die aliphatischen Isocyanat-Monomere wegen ihrer Giftigkeit und Flüchtigkeit wenig geeignet. Sie werden daher überwiegend zu Verbindungen mit höherer Molmasse umgesetzt. Man erreicht dies z. B. durch die schon beschriebene Prepolymerisation oder durch das Erzeugen von HDI-Biureten oder -Isocyanuraten. Die nach der Reaktion im Produkt noch verbliebenen Restmonomeren werden schonend, z. B. in Dünnschichtverdampfern, abdestilliert. Gleichzeitig werden dabei evtl. enthaltene niedermolekulare Ringester mit entfernt.

2.2 Polyole

Der Namen Polyole leitet sich von den Alkoholen ab und bezeichnet eine Gruppe von organischen Verbindungen, die mehrere α-H-acide Gruppen enthalten, in der Regel 2 oder 3, seltener auch 4. Hierzu gehören die bereits erwähnten OH-Gruppen (die eigentlichen Polyole) und NH_2-Gruppen ((Poly)Amine) sowie die sehr seltenen SH-Gruppen (Thioalkohole). Wie schon beschrieben, sind sie neben Di- und Polyisocyanaten die zweite bedeutsame Gruppe von Bausteinen der Polyurethanchemie.

Alkohole bzw. Polyole sind typischerweise hinreichend wasseraffin, um je nach Struktur erhebliche Mengen Wasser aufnehmen zu können. Das kann später bei der Umsetzung mit Isocyanat unerwünschte Nebenreaktionen zur Folge haben. In der Regel wird dabei durch Abspaltung von CO_2 eine oftmals unerwünschte blasige bis schaumige Struktur erzeugt. Daher müssen diese Rohstoffe wie auch die darauf basierenden Klebstoffe vor der längeren Einwirkung von Luftfeuchtigkeit geschützt gelagert und transportiert werden.

Davon abgesehen sind Polyole hinsichtlich Gefahrstoffeinstufung wenig bis unkritisch und chemisch relativ stabil. Daher werden Polyurethan-Klebstoff-Formulierungen soweit als möglich durch Modifikation der Polyol-Komponente modifiziert und an die anwendungstechnischen Anforderungen angepasst.

Es gibt eine Vielzahl von großtechnisch hergestellten und dadurch meist relativ preisgünstigen Polyolen. Sie unterscheiden sich untereinander durch ihre Funktionalität, ihre Molmasse, ihre Molmassenverteilung, ihre Reaktivität und ihre chemische Struktur, im angelsächsischen Sprachraum sehr treffend als „backbone" (Rückgrat) bezeichnet. In letzterer Hinsicht sind bei Klebstoffformulierungen hauptsächlich zwei unterschiedliche Polyoltypen im Einsatz, die sich häufig nicht physikalisch stabil miteinander mischen lassen. Zum einen gibt es die meist bei Raumtemperatur flüssigen Polyetherpolyole und zum anderen die teils ebenfalls flüssigen, häufiger aber amorph oder teilkristallin erstarrten Polyesterpolyole (Abb. 2.8).

2.2.1 Polyesterpolyole

Polyesterpolyole haben aufgrund ihrer entlang der Molekülkette wiederholt auftretenden Estergruppe eine relativ hohe Polarität und ergeben damit in Klebstoffrezepturen eine hervorragende Haftung auf ebenfalls polaren Substraten.

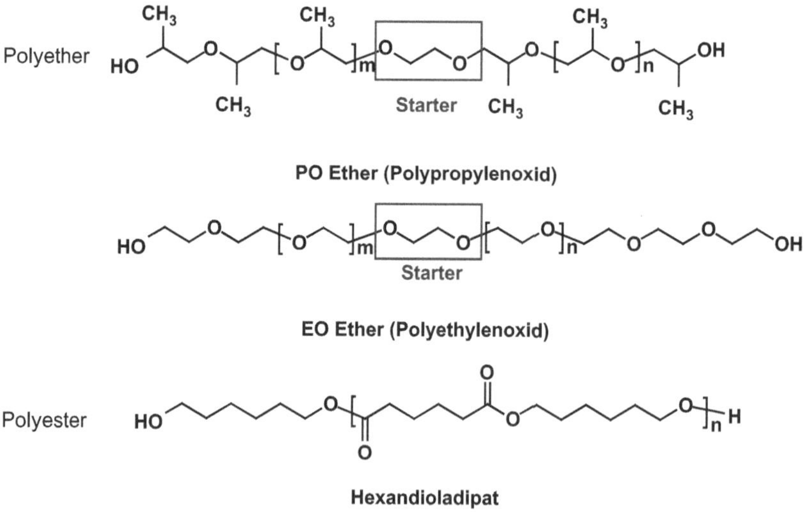

Abb. 2.8 Polyoltypen zu Formulierung von Polyurethan-Klebstoffen. (Leimenstoll 2011)

Insbesondere in sauer- oder basisch-feuchter Umgebung sind Estergruppen allerdings anfällig gegenüber hydrolytischer Spaltung. Teilkristalline Polyesterpolyole haben eine große Bedeutung zur Herstellung von thermoaktivierbaren Lösemittel- oder Dispersionsklebstoffen, bei denen die relativ scharf ausgeprägte Kristallit-Schmelztemperatur anwendungstechnisch ausgenutzt wird. Aus diesem Grund sind Polyesterpolyole auch ein unverzichtbarer Bestandteil von reaktiven Polyurethan-Schmelzklebstoff-Prepolymeren. Häufig werden hier teilkristallin und amorph erstarrende Typen mit unterschiedlichem Molekulargewicht miteinander verschnitten. Außerdem gibt es im Rohstoffsortiment auch flüssige Polyesterpolyole.

2.2.2 Polyetherpolyole

Die klebtechnische Domäne der Polyetherpolyole sind die reaktiven 2K- und 1K-Polyurethan-Klebstoffe, die als flüssig oder pastös eingestellte lösemittelfreie Formulierungen für strukturelle und andere Klebeverbindungen eingesetzt werden. Auch leistungsfähige Dichtstoffe lassen sich daraus herstellen. Hier schätzt man u. a. die gute Hydrolysebeständigkeit der daraus hergestellten Kleb- und Dichtstoffe. Es gibt eine Vielzahl von zwei- und mehrfunktionellen Typen mit unterschiedlicher Molmasse, die der Klebstoff-Formulierer aus dem Sortiment der Rohstoffhersteller auswählen kann.

Beim klassischen Herstellprozess geht man von einem niedermolekularen Diol (z. B. Glykol) oder Triol (z. B. Glycerin) aus, von dessen OH-Gruppen aus mittels KOH- oder Dimetallkomplex(DMC)-katalysierter ringöffnender Polymerisation Propylenoxid- oder Ethylenoxid-Ketten aufgebaut werden. Die Funktionalität des Starters bestimmt dabei die Funktionalität des darauf aufgebauten Polyetherpolyols.

Für KOH-katalysierte Polymerisationen von Ethylen- oder Propylenoxiden sind hohe Kettenabbruchraten charakteristisch, weshalb die nach diesem Verfahren hergestellten Produkte auf Molmassen von maximal 4000 g/mol (bei Diolen) oder 6000 g/mol (bei Triolen) begrenzt sind. Überdies führt die hohe Kettenabbruchrate in der Regel zu einer relativ breiten Molekulargewichtsverteilung.

Polyetherpolyole mit deutlich höherer Molmasse und engerer Molekulargewichtsverteilung lassen sich hingegen über Dimetallkomplex-katalysierte Verfahren, den sogenannten „Impact"-Verfahren, herstellen. Die nach diesem Verfahren produzierten Polymere zeichnen sich durch besonders herausragende mechanische Eigenschaften aus.

Neben den langkettigen Polyolen werden bei Bedarf extrem niedermolekulare Diole (z. B. Butandiol) als Hartsegmentbildner eingesetzt. Nicht selten treten diese Kurzketter in Kombination mit zwei- oder dreifunktionellen Langkettern auf. Man erhält dadurch nach der Umsetzung mit einem Isocyanat ein Netzwerk, das einerseits aus harten und festen, zum anderen aus gummielastisch verformungsfähigen

Domänen besteht (Abb. 2.9). Solch zweiphasige Strukturen vereinen eine hohe Festigkeit mit hoher Schlagzähigkeit.

Da die sehr flexiblen Polyetherpolyolketten nicht kristallisieren, haben darauf basierende Klebstoffe eine hohe Kälteflexibilität. Außerdem sind sie unempfindlich gegenüber hydrolytischem Angriff, nicht aber gegen Weichmacherdiffusion. Vor allem langkettige Polyetherpolyole begünstigen aufgrund ihres unpolaren Charakters das Benetzen von niederenergetischen (bzw. unpolaren) Oberflächen.

2.2.3 Amine

Amine haben in Polyurethan-Klebstoffformulierungen je nach Typus zwei unterschiedliche Funktionen.

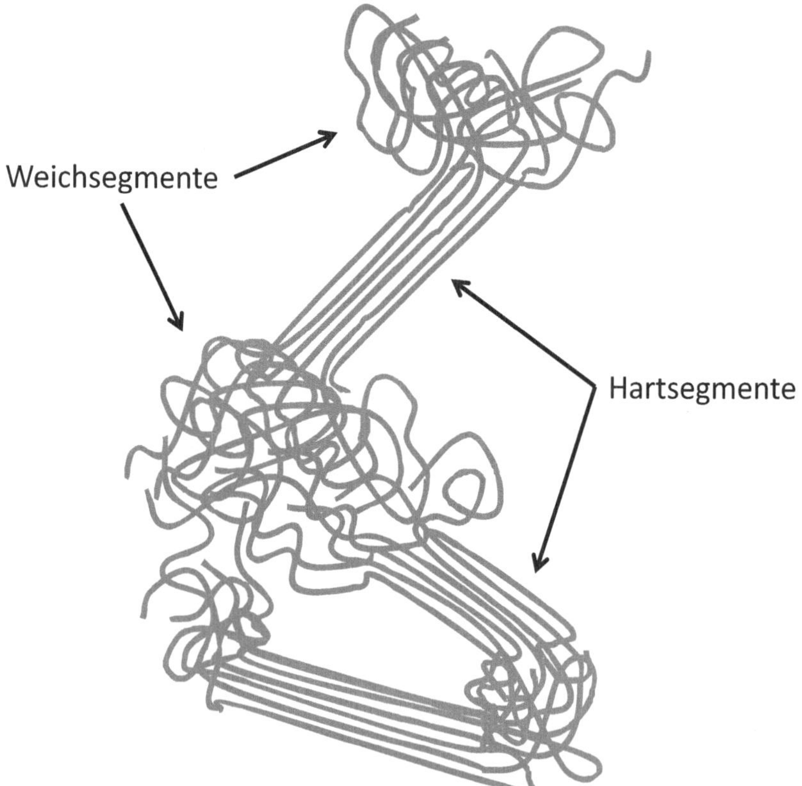

Abb. 2.9 Morphologie eines Polyurethans mit Hart- und Weichsegmenten („Phasensegregation"). (Leimenstoll 2011, in Anlehnung an Bonart 1968)

Primäre Amine sind gekennzeichnet durch ihre H_2N-Gruppe. Diese reagiert sehr schnell mit den NCO-Gruppen aller Isocyanate. Dabei bildet sich eine chemisch sehr stabile Harnstoffgruppe (vgl. Abb. 1.7). Vor allem Diamine der Struktur H_2N-R-NH_2 werden gerne in geringer Konzentration der Polyol-Komponente von 2K-Polyurethan-Klebstoffen zugegeben, um beim Mischen mit der Isocyanat-Komponente eine spontane Viskositätszunahme zu erreichen. Dadurch kann man im Extremfall ganz ohne Füllstoffbeimischung eine geeignete Rheologie erzeugen, die von zwei niedrig viskosen und gut pumpbaren Komponenten ausgehend in allen Lagen das Applizieren standfester Raupen ermöglicht.

Außerdem werden primäre Diamine eingesetzt, um in latent reaktiven 1K-Polyurethan-Klebstoff-Formulierungen die darin fein dispers verteilten Isocyanat-Pulver-Partikel mittels eines Polyharnstoff-Mantels vor der Reaktion mit dem umgebenden Polyol abzuschirmen (Abb. 2.10).

Tertiäre Amine $N(R)_3$ besitzen am Stickstoff keine Wasserstoffatome, womit sie folglich nicht mehr zu den α-H-aciden Gruppen gehören. Diese Amine reagieren daher nicht mit den NCO-Gruppen der Isocyanate. Einige tertiäre Amine sind allerdings genügend basisch, um bei der Urethanbildungsreaktion eine stark katalytische Wirkung zu entfalten. Sie werden daher der Polyolkomponente von 2K-Klebstoffen zwecks Beschleunigung der Reaktion in der Menge zugegeben, wie dies anwendungstechnisch erforderlich ist.

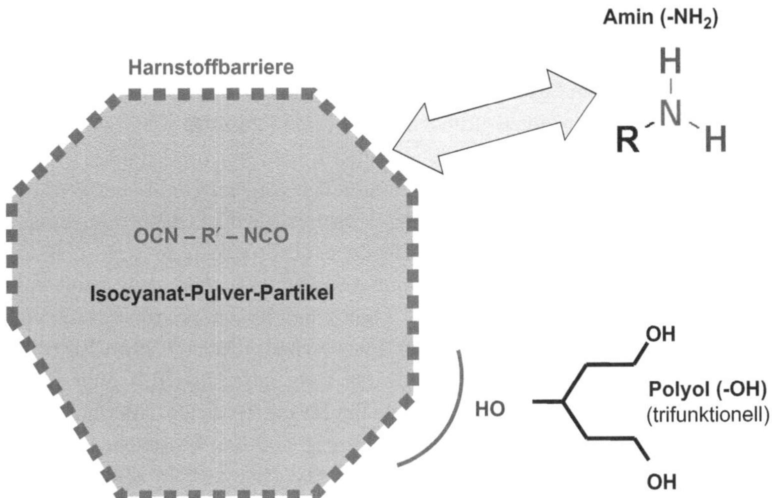

Abb. 2.10 Erzeugung einer Polyharnstoff-Hülle um ein Isocyanat-Pulver-Partikel durch Reaktion mit einem primären Amin (schematisch). (Stepanski 1991)

Ein klassisches katalytisch wirkendes tertiäres Amin ist z. B. Triethylendiamin, besser bekannt unter dem Namen DABCO®. Da es als Feststoff schwierig zu dosieren und einzumischen ist, ist das Produkt als 33 %ige Lösung in Dipropylenglycol im Handel.

Um gestiegene Anforderungen an das Emissionsverhalten von Werkstoffen (z. B. VDA 278) erfüllen zu können, gibt es inzwischen auf dem Katalysatormarkt viele neue Produkte, auf die der Klebstoff-Formulierer bei Bedarf zurückgreifen kann.

2.2.4 Füllstoffe

Viele Polyurethan-Reaktions-Klebstoffe enthalten pulverförmige Füllstoffe wie Talkum, Ruß, Kreide, Schwerspat, Quarz- oder Schiefermehl, die unterschiedliche Zwecke erfüllen. Zum einen kann man damit die Viskosität des Klebstoffes den anwendungstechnischen Anforderungen anpassen. Zum anderen haben viele Füllstoffe eine die Kohäsion verstärkende Wirkung. Hervorzuheben sind hier Faserstoffe, Schichtsilikate und Ruße. Man kann aber bei richtiger Füllstoffauswahl auch die adhäsive Wechselwirkung zu schwierig zu verklebenden Oberflächen optimieren, sowie das Entmischen von Klebstoff-Bestandteilen unterdrücken. Letztlich muss aber auch erwähnt werden, dass man mit Füllstoffen erheblich die Kosten von Klebstoff-Formulierungen senken kann.

Dem Anwender sei daher geraten, beim Vergleich von Klebstoff-Preisen das Volumen anstelle des Gewichts zugrunde zu legen. Außerdem ist die Ergiebigkeit (z. B. in m^2/kg oder m/kg) eine wichtige Kenngröße.

Aus den bereits genannten Gründen müssen alle Füllstoffe, die in Polyurethan-Klebstoff-Formulierungen Verwendung finden sollen, frei von jeglicher Feuchtigkeit sein. In der Regel müssen sie daher unmittelbar vor dem Einmischen getrocknet werden. Für den Fall dass trotz Trocknung Wasserreste in die Rezeptur eingeschleppt werden, verzichtet man selten auf die Zugabe eines Trocknungsmittels, z. B. eines Zeoliths. Zeolithe sind kristalline Aluminiumsilikate aus natürlichem oder synthetischem Ursprung. Ihre kennzeichnende Eigenschaft ist ihre mikroporöse Struktur, die ihnen eine sehr große innere Oberfläche verleiht. Dadurch kann Restwasser durch Absorption aus einer Klebstoff-Formulierung entfernt werden, ohne dass die vergleichsweise großen Klebstoffmoleküle die Poren verstopfen. Allerdings ist der Prozess umkehrbar: Bei hinreichender Erwärmung kann das Wasser wieder aus dem Zeolith in das System zurückgegeben werden. Das kann sowohl gewollt als auch nicht gewollt sein.

Die Einarbeitung der trockenen Füllstoffe muss selbstverständlich mit der nötigen Sorgfalt durchgeführt werden. Dennoch sind die Anforderungen an die Güte der Dispergierung bei Klebstoffen meist geringer als z. B. bei Lacken. Rührwerkskugelmühlen und Walzenstühle wird man daher in einer normalen Klebstofffabrik vergebens suchen. Dissolver und schnell laufende Rotor-Stator-Dispergatoren sind hingegen gängige Apparate, um Füllstoffe homogen in Klebstoffe einzubringen.

Ist diese Arbeit getan, muss natürlich verhindert werden, dass die Füllstoffe sich unter dem Einfluss der Erdgravitation auf dem Weg zum Kunden oder im Lager sedimentieren und am Boden der Gebinde absetzen. Daher fügt man in solchen Fällen fast immer noch einen zusätzlichen Verdicker, z. B. fein disperse Kieselsäure, hinzu.

2.2.5 Lösemittel

Im Jahr 1950 wurde von den Farbenfabriken Bayer AG der Klebstoffrohstoff Desmocoll 176 auf den Markt gebracht, der bis heute noch von der Nachfolgefirma Bayer MaterialScience AG im Dormagen produziert und weltweit vermarktet wird (Dollhausen 1989). Es handelt sich dabei um das erste linear aufgebaute hochmolekulare thermoaktivierbare Polyurethan auf Basis eines teilkristallinen Polyesterpolyols. Bei der Herstellung wird mit einem nur kleinen Polyolunterschuss (also i=0,9 … 0,98) gearbeitet, um einerseits das gewünschte hohe Molekulargewicht und andererseits an den Kettenenden OH-Gruppen zu erhalten, an denen Vernetzer-Isocyanate ankoppeln können. Das Produkt wird als elastisches Polyurethan-Granulat geliefert, das vom Klebstoffhersteller unter Rühren in einem geeigneten Lösemittel aufgelöst wird.

Weitere Entwicklungen führten zur Markteinführung von deutlich höher und schneller kristallisierenden Typen, die von der Schuhindustrie sehnlichst erwartet wurden. Denn nur damit ließen sich die in die Mode kommenden Sohlen auf Basis von weichgemachtem PVC dauerhaft, sicher und produktiv mit dem Oberschuh verbinden.

Trotz des großen Erfolges der neuen PU-Dispersionsklebstoffe sind Lösemittelklebstoffe auf Basis von Hydroxypolyesterpolyurethanen noch immer unverzichtbar. Zum einen können sie eine erhöhte Toleranz gegenüber Oberflächen-Kontaminationen bewirken und zudem die Diffusion von Klebstoffpolymeren in die Substrat-Oberfläche fördern. Zum anderen trocknen Klebfilme insbesondere bei hoher Luftfeuchtigkeit rascher, ohne dass dazu ein Trockner erforderlich ist.

Als Lösemittel eignen sich vor allem MEK, aber auch Aceton, Cyclohexanon, Tetrahydrofuran und Dioxan. Will man andere Lösemittel wie z. B. Toluol einsetzen, muss man diese meist mit anderen Lösemitteln verschneiden. Das Wissen darüber gehört zum besonderen Erfahrungsschatz der auf diesem Gebiet seit langem tätigen Rohstoff- und Klebstoffhersteller. Hier gibt es zwei verschiedene Optimierungsziele, bei denen allerdings die Interessen der Anwender nicht immer im Vordergrund stehen.

Schafft man es durch eine geschickte Lösemittelkombination z. B. die Lösungsviskosität zu senken, hat man die Möglichkeit, mehr Polymer in der Klebstofflösung unterzubringen. Der Anwender erhält dadurch bei gleichem Gebindevolumen mehr Klebstoff-Festsubstanz, für die er dann auch einen angemessen höheren Preis zu zahlen hat. Zum anderen wird dadurch Lösemittel eingespart, das bei steigenden Ölpreisen ohnehin immer teurer wird.

Der in der Praxis zuweilen beobachtete umgekehrte Weg, einem Klebstoff bei vorgegebener Viskosität einen geringeren Polymergehalt mitzugeben, führt zwar zu Klebstoffen, die in ihrem Preis pro Gewichtseinheit günstiger, für den Klebstoffanwender in Wirklichkeit aber kostspieliger sind. Für den Klebstoffanwender ist nur die wirksame Klebstoffsubstanz von Bedeutung und nicht eine große Lösungsmittelmenge, die nur Kosten verursacht, beim Trockenprozess völlig verloren geht und zudem die Umwelt belastet.

Um eine optimale Lagerfähigkeit der aus Hydroxylpolyesterpolyurethanen hergestellten Klebstoffe sicher zu stellen, müssen Lösemittel mit hinreichender Reinheit eingesetzt werden. So darf der Gehalt an Wasser sowie Alkohol nicht höher als 0,1 % sein.

Es sei hier nicht vergessen, auf die speziellen Gefahren im Umgang mit Lösemitteln hinzuweisen. Dies ist vor allem mit ihrer meist leichten Entflammbarkeit sowie der Gefahr, mit Luft explosive Gemische zu bilden, verbunden. Weiterhin müssen gesundheitliche Gefahren beim Einatmen der Dämpfe und bei Hautkontakten beachtet werden. Alle diesbezüglichen Richtlinien und Vorschriften müssen zu Kenntnis genommen und strikt eingehalten werden. Dazu gehört es auch, auf die Arbeitsplätze abgestimmte schriftliche Betriebsanweisungen abzufassen und die Mitarbeiter regelmäßig diesbezüglich zu schulen.

Polyurethan Pre- und Hochpolymere als Klebstoffrohstoffe

3

Klebstoffrohstoffhersteller bieten der Klebstoffindustrie neben den oben beschriebenen Basisbausteinen auch darauf basierende Prepolymere sowie Hochpolymere an. Die Rohstoffhersteller profitieren dabei von der zusätzlichen Wertschöpfung. Der Klebstoffhersteller kann andererseits auf standardisierte und im großtechnischen Maßstab hergestellte Handelsprodukte zurückgreifen, die ihn davon entlasten, selber chemische Reaktionen durchführen zu müssen. Für die Klebstoff-Formulierung sind dann nur physikalische Prozesse erforderlich, wie z. B. Dosieren, Mischen, Lösen und Schmelzen.

3.1 Prepolymere

Grundsätzliche Erläuterungen zur Prepolymer-Bildung wurden bereits in Abschn. 1 gegeben. Da man OH-terminierte Langketter wirtschaftlicher auf andere Weise herstellen kann, wird die Urethanbildungsreaktion vor allem zur Produktion von NCO-terminierten Prepolymeren eingesetzt.

Diese können entweder als Vernetzter-Komponente alternativ alleine oder in Abmischung mit Polymer-MDI als Vernetzer-Komponente in Zweikomponenten-Klebstoff-Systemen verwendet werden. Damit lassen sich z. B. flexible Klebfilme erreichen und die Topfzeit verlängern.

Eine besondere Bedeutung haben Prepolymere zur Herstellung von feuchtigkeitsreaktiven Einkomponenten-Klebstoffen. Je nachdem, welche Anwendung bzw. Klebstoffklasse man anstrebt, wird man andere Eigenschaften des Prepolymers benötigen und die Bausteine der Polyurethan-Basis-Chemie entsprechend unterschiedlich auswählen.

© Springer Fachmedien Wiesbaden 2016
H. Stepanski, M. Leimenstoll, *Polyurethan-Klebstoffe,* essentials,
DOI 10.1007/978-3-658-12270-6_3

3.1.1 Langkettige Prepolymere für hochelastische feuchtigkeitsreaktive Einkomponentenkleb- und Dichtstoffe

Es gibt ein breites Anwendungsspektrum für hochelastische und verformungsfähige Kleb- und Dichtstoffe, die meist bei Fugendicken von mehreren Millimetern zum Einsatz kommen. Ihre relativ niedrige Festigkeit kompensieren sie durch einen geringen Spannungsaufbau bei Wärmeausdehnungseffekten sowie einer gleichmäßigen Spannungsverteilung bei sehr geringen Spannungsspitzen am Fugenrand. Für solch weichelastische Klebstoffe sind Prepolymere auf Basis difunktioneller langkettiger Polyether-Polyole ideal (Tab. 3.1). Als Monomer-Isocyanat kommt fast ausschließlich reines 4,4′-MDI zum Einsatz. Der NCO-Gehalt solcher Prepolymere liegt in der Regel im unteren einstelligen Prozentbereich. Wie der Tabelle zu entnehmen ist, haben solche Prepolymere leider eine hohe Viskosität. Dies erschwert die Einarbeitung von großen Füllstoffanteilen, die häufig wegen der damit verbundenen Eigenschaftsverbesserungen oder auch aus wirtschaftlichen Gründen benötigt werden.

Daher bevorzugen die meisten Klebstoffhersteller einen anderen Weg: Sie fangen mit einer reinen Polyol-Zubereitung an und mischen in diese relativ niedrig viskose Vorlage die vorher sorgfältig getrockneten Füllstoffe ein. Erst am Schluss wird dann das monomere Isocyanat hinzugegeben und die Prepolymerisationsreaktion gestartet. Neben den prozesstechnischen Vorzügen nutzt man dabei noch den Vorteil, dass man lediglich die vergleichsweise preisgünstigen Polyurethan-Basisrohstoffe erwerben muss. Andererseits setzt dies voraus, dass man die Prozesstechnik der Prepolymerherstellung gut beherrscht. Dies ist bei den größtenteils schon lange auf diesem speziellen Markt agierenden Firmen zweifellos gegeben.

Tab. 3.1 Eigenschaften von Prepolymeren auf Basis von 4,4′-MDI und linearen Polyetherpolyolen mit unterschiedlicher Molmasse bei einer Kennzahl von 2,1

Polyol OH-Zahl	56	28
Polyol OH-Gehalt in %	1,70	0,85
Funktionalität	2	2
Molmasse in g/mol	2000	4000
Viskosität bei 25 °C in mPa s	310	880
Flüssiges Prepolymer		
Viskosität bei 25 °C in mPa s	22.000	16.000
NCO-Gehalt in %	3,5	2
Abgebundener Film		
E-Modul bei 100 % Dehnung in MPa	1,07	0,42
Zugfestigkeit in MPa	7,7	1,2
Bruchdehnung in %	2000	2000

Spezialitätenhersteller, die Nischenmärkte bedienen möchten, greifen jedoch gerne auf solche Prepolymere zurück, um daraus ihre Produkte zu formulieren.

Praxistaugliche Kleb- oder Dichtstoff-Formulierungen enthalten meist zusätzlich ein auf einem trifunktionellen Polyol basierendes Prepolymer sowie Füllstoffe, Weichmacher und Katalysatoren.

3.1.2 Kurzkettige Prepolymere

Setzt man Glykol als kürzestes aller Diole gemäß Abb. 1.6 mit 4,4′-MDI um (KZ =2,0), so erhält man ein relativ dünnflüssiges Prepolymer mit einer Viskosität von ca. 1800 mPa s (bei 23 °C) und einem NCO-Gehalt von ca. 15 %. Nach Abreaktion der endständigen Isocyanat-Gruppen mit Feuchtigkeit aus der Luft oder dem Substrat entsteht ein harter und fester aber auch spröder und schaumartiger Klebfilm. Damit können z. B. Sandwich-Elemente hergestellt oder Holzverleimungen vorgenommen werden. Zur Erhöhung der Flexibilität und des Schälwiderstandes kann man entweder Prepolymere mit längeren Diol-Ketten auswählen oder man mischt Prepolymere gemäß Tab. 3.1 hinzu, die auf langkettigen Polyetherpolyolen basieren.

3.1.3 Monomerenarme Prepolymere

Wegen der Gültigkeit der Schulz-Flory-Statistik (s. Kap. 1 und Abb. 1.3) lässt sich bei einer Polyadditions-Reaktion ein Rest-Monomergehalt nicht völlig vermeiden. Dies gilt aber nicht, wenn man Isocyanat-Spezialitäten mit unterschiedlich reaktiven Gruppen verwendet.

Ein handelsübliches Isocyanat mit dieser Eigenschaft ist das bereits im Kap. 2.3.1.2 vorgestellte 2,4-TDI. Damit lassen sich Prepolymere mit einem Monomer-Gehalt von <0,5 und auch <0,1 % herstellen. Es sei aber in diesem Zusammenhang darauf hingewiesen, dass wegen der hohen Flüchtigkeit des TDI auch bei einem Monomer-Gehalt von <0,1 % insbesondere bei erhöhten Temperaturen bedenkliche Emissionen auftreten können.

Wegen des deutlich geringeren Dampfdruckes wäre der Einsatz eines 2,4′-MDI zur Prepolymer-Herstellung vorzuziehen. Insbesondere für die Herstellung von feuchtigkeitsreaktiven Polyurethan-Schmelzklebstoffen gibt es eine wachsende Nachfrage nach solch einer Spezialität, für welche die Rohstoff-Hersteller aber noch ihre Produktions-Kapazitäten aufbauen müssen.

Als schon lange praktizierte Alternative kann aber auch ein Dünnschicht-Verdampfer zum Abtrennen flüchtiger Monomer-Anteile eingesetzt werden.

3.2 Polyurethan-Hochpolymere als Klebstoff-Rohstoffe

Einige Rohstoff-Hersteller bieten der Klebstoffindustrie maßgeschneiderte Polyurethan-Hochpolymere als Basis für die Formulierung von Klebstoffen an. Dabei gibt es zwei bedeutsame Lieferformen, nämlich Granulat oder wässrige Dispersion. Für klebtechnische Anwendungen werden als Rückgrat fast ausschließlich kristallisationsfähige Polyester, z. B. auf Basis Butandioladipat, Hexandioladipat oder Polycaprolacton mit Molmassen von 1000 bis 6000 g/mol verwendet, die mit unterschiedlichen Isocyanaten, bevorzugt TDI und MDI, im leichten stöchiometrischen Unterschuss dosiert zu linearen Makromolekülen so umgesetzt werden, dass an den Kettenenden OH-Gruppen (bzw. „Hydroxyl-Gruppen") sitzen.

3.2.1 Granulate

Hydroxylgruppenhaltige Polyester-Polyurethane haben eine große Bedeutung für die Herstellung von Lösemittelklebstoffen für das Kleben von weichmacherhaltigen Kunststoffen, insbesondere PVC (Dollhausen 1989). Sie können auf zwei unterschiedlichen Wegen hergestellt werden.

Bei der Herstellung im Lösemittelprozess (Abb. 3.1) wird in einem Rührwerksbehälter ein geeignetes Lösemittel, z. B. Toluol, vorgelegt und darin ein OH-terminierter difunktioneller Polyester gelöst. Unter Zugabe von TDI oder 4,4'-MDI erfolgt dann eine prozesstechnisch gut kontrollierbare Kettenverlängerung, bis sich das gewünschte Molekulargewicht eingestellt hat. Anschließend wird das Lösemittel in einer kontinuierlich durchlaufenen Anlage abdestilliert und wieder aufbereitet. Die dabei anfallende Polymerschmelze wird über einen Extruder einer Unterwassergranulierung zugeführt. Nach vollständigem Abtrennen des Wassers ergibt sich ein bei Raumtemperatur festes Granulat, das in Säcke oder Kartons abgepackt wird.

Bei einer alternativen Variante wird die Formulierung und Polyadditionsreaktion ohne Einsatz eines Lösemittels in einem Compoundier-Extruder vorgenommen und dann die Schmelze ebenfalls unter Wasser granuliert.

Beide Verfahren haben ihre spezifischen Vor- und Nachteile bezüglich Kosten, Prozesskontrolle und Produkt-Variabilität, auf die hier nicht weiter eingegangen werden soll.

Da solch ein Granulat keine Gefahrguteigenschaften hat, kann es problemlos gelagert und weltweit transportiert werden. Man muss dabei aber auf die in den Produktmerkblättern angegebenen Temperaturgrenzen achten. Wird z. B. die Kristallit-Schmelztemperatur des Polyesters überschritten, wird das Polymer klebrig und der Gebindeinhalt verblockt. Fast alle handelsüblichen Polyesterpolyurethane

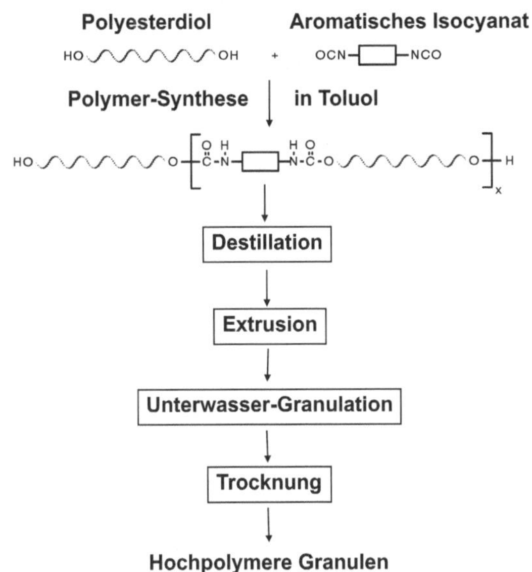

Abb. 3.1 Herstellung von hochmolekularen Hydroxy-Polyesterpolyurethan-Granulen im Lösemittelprozess (schematisch)

liegen unterhalb 40 °C in teilkristalliner und nicht klebriger Form vor. Oberhalb von 40 °C schmilzt die Kristallit-Struktur und das Polymer wird haftklebrig. Sinkt die Temperatur wieder unter 40 °C setzt eine je nach Polymertyp unterschiedlich rasche Rekristallisation ein. Dieser Vorgang ist beliebig oft reversibel. Benötigt man höhere Festigkeit bei höheren Temperaturen, muss man dem Klebstoffansatz vor der Verarbeitung ein Vernetzer-Isocyanat (z. B. gemäß Kap. 5.1.3 oder 5.1.4) zusetzen.

Beim Klebstoffhersteller wird solch ein Granulat in einem geeigneten Lösemittelgemisch unter Rühren aufgelöst. Bevorzugte Lösemittel sind dabei Methylethylketon (MEK, 2-Butanon) sowie Aceton (2-Propanon). Einige Polymertypen lassen sich auch in Methyl- oder Ethylacetat lösen.

Häufig werden zur Klebstoffherstellung verschiedene Polyesterpolyurethane in Kombination eingesetzt. Aber auch andere Polymere, wie z. B. Nitrilkautschuk, PVC, Chlor-Kautschuk, Azetylcellulose und diverse Harze können hinzugegeben werden.

Die üblichen Feststoffgehalte von solchen Lösemittelklebstoffen liegen bei 15–20 %.

Das Wissen über die Zusammensetzung der auf jeden Einsatzfall zugeschnittenen Formulierungen ist ein sorgfältig gehütetes Betriebsgeheimnis eines jeden Klebstoffherstellers.

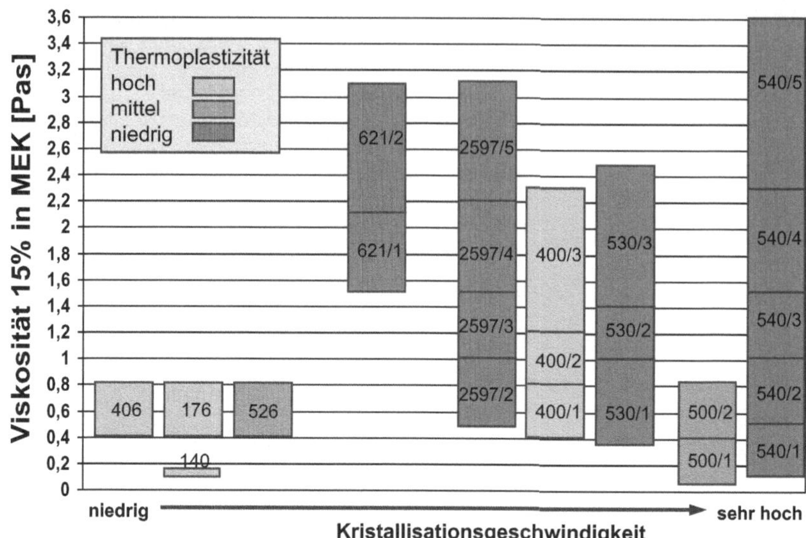

Abb. 3.2 Beispiel für ein Sortiment von Hydroxy-Polyester-Polyurethanen für den Einsatz in Lösemittelklebstoffen. (N.N. 2015)

Da die für die Klebstoffherstellung bestimmten Polyesterpolyurethane in der Regel in eine Lösung überführt werden, werden diese Produkte branchenüblich in erster Linie durch die Viskosität einer 15 % igen Lösung in MEK bei 20 oder 23 °C spezifiziert (Abb. 3.2).

Als weitere charakteristische Eigenschaften werden in den Produktmerkblättern angegeben:

- Rekristallisationszeit in Minuten
- Mindestaktiviertemperatur in °C
- Hot-tack-life in Minuten
- Temperaturbeständigkeit unter Last in °C (unvernetzt)

Das wichtigste Einsatzgebiet solcher Klebstoffe findet sich beim Kleben von Schuhsohlen in der industriellen Massenfertigung, besonders wenn es sich um Sohlen aus weichmacherhaltigem PVC handelt. Zur Gewährleistung einer hinreichenden Temperatur- und Hydrolysebeständigkeit der Klebverbindung wird dem Klebstoff unmittelbar vor der Verarbeitung ein lösemittelhaltiges Vernetzer-Isocyanat (z. B. gemäß Kap. 2.1.3 oder 2.1.4) zugesetzt, das der Klebstoffhersteller in der Regel zusammen mit dem Klebstoff mitliefert. Dieser Ansatz muss dann innerhalb der vom Klebstoffhersteller mitgeteilten Topfzeit verarbeitet werden. Danach verwandelt sich die Lösung in ein Gel, das nicht mehr zu verarbeiten ist.

Der Klebstoff wird in der Schuhindustrie meist manuell mit einem Pinsel oder einer Bürste beidseitig auf Schaft und Sohle aufgetragen. Dabei ist es üblich, beide Fügeflächen vorher anzurauen. Manche Sohlenmaterialien (z. B. EVA) müssen zuvor mit einem Primer behandelt werden. Das Lösemittel des Klebstoffes muss nun zunächst möglichst vollständig ablüften. Dabei kristallisiert die Polyesterstruktur. Der Klebfilm erscheint dadurch milchig und ist klebfrei. Um diesen in einen haftklebrigen Zustand zu überführen, muss man ihn über die Mindestaktiviertemperatur hinaus aufheizen. Das macht man bevorzugt durch sogenannte „Schockaktivierung" innerhalb weniger Sekunden mittels Infrarotstrahlern. Das Fügen unter kurzzeitigem Druck muss dann innerhalb des „Hot-tack-life" erfolgen. Sofern dem Klebstoff ein Vernetzerisocyanat zugesetzt wurde, reagiert dieses mit den endständigen Hydroxyl-Gruppen der Polyesterketten unter Ausbildung einer dreidimensionalen Elastomer-Struktur. Diese Reaktion läuft vergleichsweise langsam ab und ist häufig erst nach einer Woche beendet.

Die oben beschriebenen Polyurethane können alternativ auch lösemittelfrei appliziert werden, und zwar entweder als Flächengebilde oder als Pulver.

Im ersten Fall plastifiziert man die Granulen bei ca. 190 °C in einem geeigneten Einschnecken-Extruder einer Blas- oder Flachfolienanlage. Häufig wird dabei zusätzlich eine Polyethylen-Folie coextrudiert, welche ein Verkleben beim Aufwickeln unterbindet. Solche Folien können als nicht reaktive Schmelzklebstoffe, z. B. beim Kaschieren von dreidimensional strukturierten Möbelfronten, eingesetzt werden. Wenn man solche Anwendungen plant, sollte man dies unbedingt dem Hersteller dieser Polymere mitteilen, damit er für eine Selektion von Partien sorgen kann, die frei von Gelpartikeln sind. Denn diese können bei dünnen Dekorfolien zu unschönen Oberflächenstörungen führen.

Man kann den Extruder auch mit einer Spinnsprühdüse koppeln und damit ein Vlies erzeugen, mit dem man mittels Thermoaktivierung atmungsaktive Textillaminate herzustellen vermag.

Schließlich gibt es noch die Möglichkeit, die Granulen unter Flüssigstickstoff zu Pulver zu vermahlen. Dieses Pulver kann dann mittels Streu-Aggregaten appliziert und ebenfalls unter Termoaktivierbedingungen zum Kleben benutzt werden. Interessant ist in diesem Zusammenhang, dass man damit Substrate, Bänder oder Labels vorbeschichten und dann zeitversetzt später verkleben kann.

3.2.2 Polyurethan-Dispersionen

Verwendet man bei der Polyadditionsreaktion als Prozesslösemittel Aceton, das in Wasser in jeder Konzentration löslich ist, lassen sich makromolekulare Polyesterpolyurethane herstellen, die den oben beschriebenen Polymeren hinsichtlich Haftklebrigkeit im thermoaktivierten Zustand sehr ähnlich sind (Abb. 3.2) (Dieterich et al. 1970, Dieterich 1981).

Nach Abschluss des Molekülaufbaus wird unter Rühren vollentsalztes Wasser zugesetzt und das Aceton unter Wärmezufuhr abdestilliert. In die Polymerketten eingebaute anionische Gruppen verhindern durch elektrostatische Abstoßung jeglicher Koagulation der dispers im Wasser verteilten Polymerpartikel (Abb. 3.3 und 3.4).

Da die Viskosität einer Dispersion unabhängig vom Molekulargewicht des Polymers ist, können problemlos wesentlich höhere Feststoffgehalte von bis zu 50 % im Vergleich zu Lösemittelsystem mit max. 20 % erreicht werden. Man erhält also bei der gleichen Masse Klebstoff die 2,5- bis 3-fache Feststoffmasse. Das heißt, dass man zum Erreichen der gleichen trockenen Filmdicke nass nur eine entsprechend geringere Klebschichtdicke applizieren braucht. Dies kompensiert zumindest teilweise das im Vergleich zu Lösemitteln langsamere Trocknen eines wässrigen Systems.

Thermoaktivierbare Dispersionsklebstoffe haben im Vergleich zu den oben behandelten Lösemittelklebstoffen ähnliche makromolekulare und prozesstechnische Eigenschaften: Sie lassen sich sowohl mit Pinsel als auch mittels Spritzpistolen

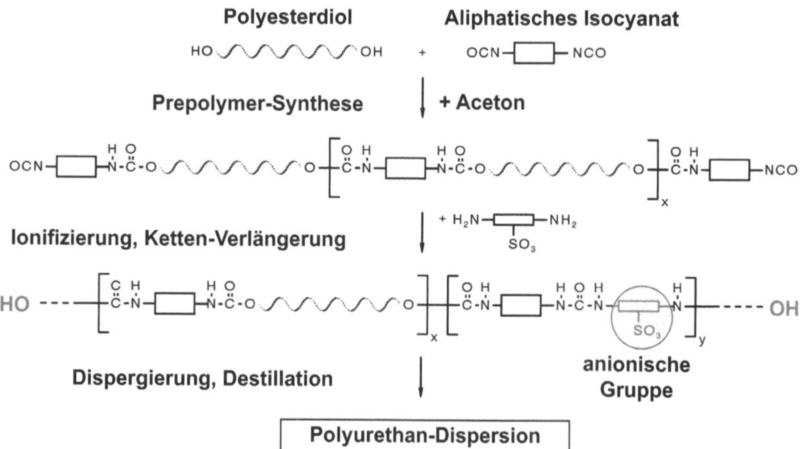

Abb. 3.3 Herstellung einer Polyurethan-Dispersion mittels Aceton-Prozess. (Arndt 2006)

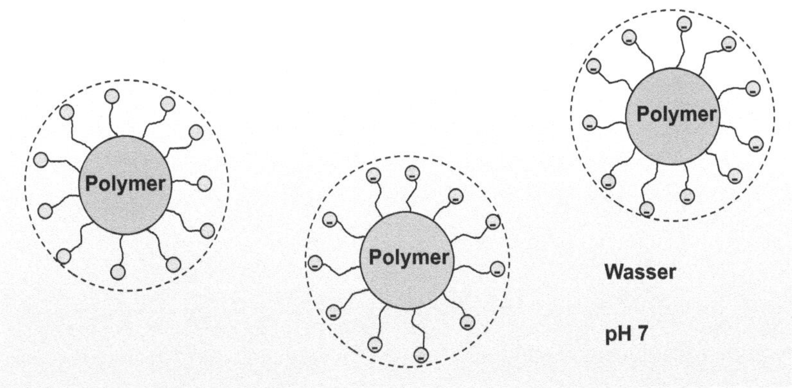

Abb. 3.4 Prinzip der elektrostatischen Abstoßung von Polymerpartikeln einer Polyurethan-Dispersion durch anionische Gruppen. (Arndt 2006)

oder Walzentechnologie auftragen. Anschließend muss bei beiden Klebstofftypen der Film getrocknet werden. Die Thermoaktivierung des trockenen Films kann beiden entweder direkt durch Infrarotstrahlung oder indirekt über ein vorgewärmtes Substrat erfolgen.

Durch die Verfügbarkeit von wasserdispergierbaren Vernetzer-Isocyanaten ist es auch bei wässrigen Polyurethan-Dispersionen schon seit langem möglich, hohe Temperaturbeständigkeitseigenschaften zu erreichen. Nachteilig kann in Einzelfällen die geringere Toleranz zu Oberflächenkontaminationen der Substrate sein. Antrocknungen an Auftragswerkzeugen lassen sich zumindest mit Wasser oder frischem artgleichen Klebstoff nicht beseitigen.

Hervorzuheben sind jedoch die Vorteile: Statt hinsichtlich Explosions-, Arbeits- und Umweltschutz problematischer Lösemittel wird beim Trocknen lediglich Wasser emittiert. Zudem können Molekülstrukturen (z. B. sehr niedrige oder hohe Molekulargewichte oder verzweigte Strukturen) prozesssicher verarbeitet werden, die bei Lösemittelsystemen nur schwer zu handhaben wären.

Außerdem können mit chemisch verkapselten Isocyanaten analog zu Abb. 2.10 latent reaktive Einkomponenten-Klebstoffe formuliert werden, die völlig neue Möglichkeiten in der Prozesstechnik und neuen Anwendungen eröffnen. Es lassen sich z. B. lagerstabile Filme oder Vorbeschichtungen herstellen, die im Thermoaktivierprozess nicht nur haftklebrig werden, sondern zudem den Start einer Vernetzungsreaktion erfahren.

Zusammenfassung 4

Polyurethane entstehen durch eine Polyadditionsreaktion von NCO- mit OH-Gruppen.

Um Klebstoffe mit hoher Beanspruchbarkeit zu erzeugen, müssen lineare oder vernetzte makromolekulare Strukturen gebildet werden.

Dies setzt den Einsatz von jeweils mindestens zweifunktionellen Rohstoffen voraus.

Bei Zweikomponenten-Klebstoffen werden die Reaktionspartner kurz vor der Applikation unter sorgfältiger Einhaltung des vom Klebstoffhersteller mitgeteilten Dosierungsverhältnisses gemischt. Das Zusammenfügen muss innerhalb der „Topfzeit" erfolgen. Die Verbindung darf erst nach dem hinreichenden Abbinden belastet werden.

Feuchtigkeitshärtende Einkomponenten-Klebstoffe lassen sich herstellen, indem man Diole oder zweifunktionale Polyole mit ebenfalls zweifunktionalem Isocyanat im stöchiometrischen Überschuss umsetzt. Man erhält dabei makromolekulare Kettenmoleküle (sogenannte Prepolymere) mit endständigen Isocyanat-Gruppen. Diese reagieren miteinander bei Zutritt von Wasser unter Abspaltung von CO_2 zu Polyharnstoffgruppen. Je nach Auswahl der Polyol-Bausteine erhält man fließfähige oder schmelzbare Klebstoffe.

Setzt man bei der Reaktionsführung Isocyanat hingegen im Unterschuss ein, so lassen sich lineare Makromoleküle mit großer Kettenlänge erzielen, die bei normalen Umgebungstemperaturen eine feste Form annehmen. Um sie in flüssiger Form applizieren zu können, werden sie meistens als Lösemittel- oder Dispersionsklebstoffe zubereitet. Man kann sie aber auch als Pulver, Folie oder Schmelze verarbeiten. Wegen der endständigen OH-Gruppen können die Molekülketten durch die Zugabe von Vernetzer-Isocyanaten in ein stabiles elastomeres Netzwerk überführt werden.

© Springer Fachmedien Wiesbaden 2016 37
H. Stepanski, M. Leimenstoll, *Polyurethan-Klebstoffe*, essentials,
DOI 10.1007/978-3-658-12270-6_4

Praxistaugliche Klebstoff-Formulierungen enthalten vielfältige Zusätze, z. B. Füllstoffe, Verdicker oder Verdünner, Trocknungsmittel, Farbstoffe, Stabilisatoren, Katalysatoren und Weichmacher.

Was Sie aus diesem Essential mitnehmen können

- Polyurethan-Klebstoffe begegnen dem Anwender in vielen unterschiedlichen Formen.
- Sie basieren auf zwei verschiedenen Reaktionsmöglichkeiten von Isocyanaten: Miteinander durch Einwirkung von Wasser zu Polyharnstoff sowie mit OH-Gruppen zu Polyurethan.
- Die Vielfalt und Variationsbreite der Klebstoffzubereitungen resultieren aus der Vielfalt der häufig großindustriell hergestellten Rohstoffe, mit vergleichsweise günstigen Preisen.
- Die Qualität einer Klebeverbindung hängt generell in hohem Maße von der Sorgfalt des Anwenders ab.

© Springer Fachmedien Wiesbaden 2016
H. Stepanski, M. Leimenstoll, *Polyurethan-Klebstoffe,* essentials,
DOI 10.1007/978-3-658-12270-6

Quellenhinweise

Arndt W (2006) „PU-Dispersionen zur Herstellung von thermoaktivierbaren Kaschierklebstoffen", Vortrag auf dem Seminar „Klebkaschieren von Kfz-Innenteilen" am SKZ. Würzburg

Bayer O (1937) DE 728 981 A

Bonart R (1968) „X-ray investigations concerning the physical structure of cross-linking in segmented urethane elastomers", J. Macromol. Sci., Part B: Physics, 2:1, 115–138.

Dieterich D et al. (1970) „Polyurethan-Ionomere, eine neue Klasse von Sequenzpolymeren", Angew. Chem. 82:2, 53–90.

Dieterich D (1981) „Neuere wäßrige PUR-Systeme", Angew. Makromol. Chem. 98:1568, 133–165.

Dollhausen M (1989) „Polyurethan-Klebstoffe", Firmenschrift der Bayer AG, Ausgabe 06.89

Flory PJJ (1936) Am Chem Soc 1877–1885

Leimenstoll M (2011) „Grundlagen der Chemie der Polyurethanklebstoffe", Vortrag anlässlich des DECHEMA-Workshops „Polyurethan-Klebstoffchemie für Klebstoffanwender in Industrie und Handwerk" am im Haus der DECHEMA in Frankfurt a. M.

N. N. (1995) „Baycoll® für die Herstellung von reaktiven PU-Klebstoff-Systemen", Firmenschrift der Bayer AG, Leverkusen, Ausgabe 10.95

N.N. (2015) „Desmocoll®", Produktbroschüre der Covestro AG, 2015

N. N. (2013) „Desmodur® 44 M Liquid", Produktdatenblatt der Fa. Bayer MaterialScience AG, Ausgabe 18.03.2013

Stepanski H (1991) „Extrem schnelle heißhärtende Einkomponenten-PUR-Klebstoffe", Vortrag anlässlich des 13. Internat. Klebtechnik Seminars „Strukturelles Kleben und Dichten in der Fertigung und Reparatur im Fahrzeugwesen", Rosenheim, KLEBSTOFF-DUKUMENTUM. Hinterwaldner Verlag, München

© Springer Fachmedien Wiesbaden 2016

H. Stepanski, M. Leimenstoll, *Polyurethan-Klebstoffe*, essentials,

DOI 10.1007/978-3-658-12270-6

Empfehlenswerte Fachbücher

Brockmann W et al (2005) Klebtechnik. WILEY-VCH

Habenicht G. (2009) Kleben – Grundlagen, Technologien, Anwendungen, 6. aktualisierte
    Aufl., VDI-Buch. Springer-Verlag, Berlin

Meyer-Westhues U. (2007) Polyurethane – Lacke, Kleb- und Dichtstoffe. Vincentz Network

Müller B, Walter R (2009) Formulierung von Kleb- und Dichtstoffen. Vincentz Network

Pröbster M (2013) Elastisch Kleben. Springer Vieweg

Randall D, Lee S (2002) The polyurethanes book. WILEY

Uhlig, K (2006) Polyurethan Taschenbuch, 3 Aufl. Hanser